北大

北大大课堂

大众学术传播经典 大师与大众的相逢

蔡元培

中国现代著名学者 曾任北京大学校长

中国伦理学史

蔡元培 著

北京大学出版社
PEKING UNIVERSITY PRESS

图书在版编目(CIP)数据

中国伦理学史/蔡元培著. —北京:北京大学出版社,2009.9
(北大大课堂)
ISBN 978-7-301-15680-3

Ⅰ. 中… Ⅱ. 蔡… Ⅲ. 伦理学—思想史—中国 Ⅳ. B82-092

中国版本图书馆 CIP 数据核字(2009)第 145588 号

书　　　名:中国伦理学史
著作责任者:蔡元培　著
组　　　稿:王炜烨
责 任 编 辑:王炜烨
标 准 书 号:ISBN 978-7-301-15680-3/B・0814
出 版 发 行:北京大学出版社
地　　　址:北京市海淀区成府路 205 号　100871
网　　　址:http://www.pup.cn
电 子 信 箱:zpup@pup.pku.edu.cn
电　　　话:邮购部 62752015　发行部 62750672　编辑部 62750673
出版部 62754962
印　刷　者:北京山润国际印务有限公司
经　销　者:新华书店
787 毫米×1092 毫米　16 开本　12 印张　121 千字
2009 年 9 月第 1 版　2009 年 9 月第 1 次印刷
定　　　价:24.00 元

蔡元培

目　录

序例

（一）是编所以资学堂中伦理科之参考，故至约至简。凡于伦理学界非重要之流派及有特别之学说者，均未及叙述。

（二）读古人之书，不可不知其人，论其世。我国伦理学者，多实践家，尤当观其行事。顾是编限于篇幅，各家小传，所叙至略。读者可于诸史或学案中，检其本传参观之。

（三）史例以称名为正。顾先秦学者之称子，宋明诸儒之称号，已成惯例。故是编亦仍之而不改，决非有抑扬之义寓乎其间。

学无涯也，而人之知有涯。积无量数之有涯者，以与彼无涯者相逐，而后此有涯者亦庶几与之为无涯，此即学术界不能不有学术史之原理也。苟无学术史，则凡前人之知，无以为后学之凭借，以益求进步。而后学所穷力尽气以求得之者，或即前人之所得焉，或即前人之前已得而复舍者焉。不唯此也，前人求知之法，亦无以资后学之考鉴，以益求精密。而后学所穷力尽气以相求者，犹是前人粗简之法焉，或转即前人业已嬗蜕之法焉。故学术史甚重要。一切现象，无不随时代而有迁流，有孳乳。而精神界之现象，迁流之速，孳乳之繁，尤不知若干倍蓰于自然界。而吾人所凭借以为知者，又不能有外于此迁流、孳乳之系统。故精神科学史尤重要。吾国夙重伦理学，而至今顾尚无伦理学史。迩际伦理界怀疑时代之托始，异方学说之分道而输入者，如槃如烛，几有互相冲突之势。苟不得吾族固有之思想系统以相为衡准，则益将旁皇于歧路。盖此事之亟如此。而当世宏达，似皆未遑暇及。用不自量，于学课之隙，缀述是编，以为大辂之椎轮。涉学既浅，参考之书又寡，疏漏抵牾，不知凡几，幸读者有以正之。又是编辑述之旨，略具于绪论及

故学术史甚重要。

故精神科学史尤重要。

盖此事之亟如此。

各结论。尚有三例，不可不为读者预告。

（一）是编所以资学堂中伦理科之参考，故至约至简。凡于伦理学界非重要之流派及有特别之学说者，均未及叙述。

（二）读古人之书，不可不知其人，论其世。我国伦理学者，多实践家，尤当观其行事。顾是编限于篇幅，各家小传，所叙至略。读者可于诸史或学案中，检其本传参观之。

（三）史例以称名为正。顾先秦学者之称子，宋明诸儒之称号，已成惯例。故是编亦仍之而不改，决非有抑扬之义寓乎其间。

庚戌三月十六日　编者识

（一）是编所以资学堂中伦理科之参考，故至约至简。

（二）读古人之书，不可不知其人，论其世。

（三）史例以称名为正。

绪论

我国以儒家为伦理学之大宗。而儒家，则一切精神界科学，悉以伦理为范围。哲学、心理学，本与伦理有密切之关系。我国学者仅以是为伦理学之前提。其他曰为政以德，曰孝治天下，是政治学范围于伦理也；曰国民修其孝弟忠信，可使制梃以挞坚甲利兵，是军学范围于伦理也；攻击异教，恒以无父无君为辞，是宗教学范围于伦理也；评定诗古文辞，恒以载道述德眷怀君父为优点，是美学亦范围于伦理也。我国伦理学之范围，其广如此，则伦理学宜若为我国唯一发达之学术矣。然以范围太广，而我国伦理学者之著述，多杂糅他科学说。

伦理学与修身书之别

修身书，示人以实行道德之规范者也。

伦理学则不然，以研究学理为的。

修身书，示人以实行道德之规范者也。民族之道德，本于其特具之性质、固有之条教，而成为习惯。虽有时亦为新学殊俗所转移，而非得主持风化者之承认，或多数人之信用，则不能骤入于修身书之中，此修身书之范围也。伦理学则不然，以研究学理为的。各民族之特性及条教，皆为研究之资料，参伍而贯通之，以归纳于最高之观念，乃复由是而演绎之，以为种种之科条。其于一时之利害，多数人之向背，皆不必顾。盖伦理学者，知识之径涂；而修身书者，则行为之标准也。持修身书之见解以治伦理学，常足为学识进步之障碍。故不可不区别之。

伦理学史与伦理学根本观念之别

伦理学以伦理之科条为纲，伦理学史以伦理学家之派别为叙。其体例之不同，不待言矣。而其根本观念，亦有主观、客观之别。伦理学者，主观也，所以发明一家之主义者也。各家学说，有与其主义不合者，或驳诘之，或弃置之。伦理学史者，客观也。在抉发各家学说之要点，而推暨其源流，证明其迭相乘除之迹象。各家学说，与作者主义有违合之点，虽可参以评判，而不可以意取去，漂没其真相。此则伦理学史根本观念之异于伦理学者也。

此则伦理学史根本观念之异于伦理学者也。

我国之伦理学

我国以儒家为伦理学之大宗。而儒家，则一切精神界科学，悉以伦理为范围。哲学、心理学，本与伦理有密切之关系。我国学者仅以是为伦理学之前提。其他曰为政以德，曰孝治天下，是政治学范围于伦理也；曰国民修其孝弟忠信，可使制梃以挞坚甲利兵，是军学范围于伦理也；攻击异教，恒以无父无君为辞，是宗教学范围于伦理也；评定诗古文辞，恒以载道述德眷怀君父为优点，是美学亦范围于伦理也。我国伦理学之范围，其广如此，则伦理学宜若为我国唯一发达之学术矣。然以范围太广，而我国伦理学者之著述，多杂糅他科学说。其尤甚者为哲学及政治学。欲得一纯粹伦理学之著作，殆不可得。此为述伦理学史者之第一畏途矣。

此为述伦理学史者之第一畏途矣。

我国伦理学说之沿革

我国伦理学说，发轫于周季。其时儒墨道法，众家并兴。及汉武帝罢黜百家，独尊儒术，而儒家言始为我国唯一之伦理学。魏晋以还，佛教输入，哲学界颇受其影响，而不足以震撼伦理学。近二十年间，斯宾塞尔之进化功利论，卢骚之天赋人权论，尼采之主人道德论，输入我国学界。青年社会，以新奇之嗜好欢迎之，颇若有新旧学说互相冲突之状态。然此等学说，不特深研而发挥之者尚无其人，即斯、卢诸氏之著作，亦尚未有完全移译者。所谓新旧冲突云云，仅为伦理界至小之变象，而于伦理学说无与也。

我国伦理学说，发轫于周季。

>>> 《孔子讲经图》

我国之伦理学史

我国既未有纯粹之伦理学,因而无纯粹之伦理学史。各史所载之儒林传道学传,及孤行之宋元学案、明儒学案等皆哲学史,而非伦理学史也。日本木村鹰太郎氏,述东洋伦理学史,(其全书名《东西洋伦理学史》,兹仅就其东洋一部分言之。)始以西洋学术史之规则,整理吾国伦理学说,创通大义,甚裨学子。而其间颇有依据伪书之失,其批评亦间失之武断。其后又有久保得二氏,述东洋伦理史要,则考证较详,评断较慎。而其间尚有蹈木村氏之覆辙者。木村氏之言曰:"西洋伦理学史,西洋学者名著甚多,因而为之,其事不难;东洋伦理学史,则昔所未有。若博读东洋学说而未谂西洋哲学科学之律贯,或仅治西洋伦理学而未通东方学派者,皆不足以胜创始之任。"谅哉言也。鄙人于东西伦理学,所涉均浅,而勉承兹乏,则以木村、久保二氏之作为本。而于所不安,则以记忆所及,参考所得,删补而订正之。正恐疏略谬误,所在多有。幸读者注意焉。

我国既未有纯粹之伦理学,因而无纯粹之伦理学史。

而于所不安,则以记忆所及,参考所得,删补而订正之。

第一期——先秦创始时代

在我国唐虞三代间，实践之道德，渐归纳为理想。虽未成学理之体制，而后世种种学说，滥觞于是矣。其时理想，吾人得于《易》、《书》、《诗》三经求之。

盖其时自儒家以外，成一家言者有八。而其中墨、道、名、法，皆以伦理学说占其重要之部分者也。秦并天下，尚法家；汉兴，颇尚道家；及武帝从董仲舒之说，循民族固有之理想而尊儒术，而诸家之说熸矣。

第一章　总论

伦理学说之起源

伦理界之通例，非先有学说以为实行道德之标准，实伦理之现象，早流行于社会，而后有学者观察之、研究之、组织之，以成为学说也。

伦理界之通例，非先有学说以为实行道德之标准，实伦理之现象，早流行于社会，而后有学者观察之、研究之、组织之，以成为学说也。在我国唐虞三代间，实践之道德，渐归纳为理想。虽未成学理之体制，而后世种种学说，滥觞于是矣。其时理想，吾人得于《易》、《书》、《诗》三经求之。《书》为政事史，由意志方面，陈述道德之理想者也；《易》为宇宙论，由知识方面，本天道以定人事之范围；《诗》为抒情体，由感情方面，揭教训之趣旨者也。三者皆考察伦理之资也。

我国古代文化，至周而极盛。

我国古代文化，至周而极盛。往昔积渐萌生之理想，及是时则由浑而画，由暧昧而辨晰。循此时代之趋势，而集其理想之大成以为学说者，孔子也。是为儒家言，足以代表吾民族之根本理想者也。其他学者，各因其地理之影响，历史之感化，而有得于古昔积渐萌生各理想之一方面，则亦发挥之而成种种之学说。

>>> 孔子像

各家学说之消长

盖其时自儒家以外，成一家言者有八。

种种学说并兴，皆以其有为不可加，而思以易天下，相竞相攻，而思想界遂演为空前绝后之伟观。盖其时自儒家以外，成一家言者有八。而其中墨、道、名、法，皆以伦理学说占其重要之部分者也。秦并天下，尚法家；汉兴，颇尚道家；及武帝从董仲舒之说，循民族固有之理想而尊儒术，而诸家之说熸矣。

第二章　唐虞三代伦理思想之萌芽

伦理思想之基本

伦理思想，则由家长制度而发展，一以贯之。

我国人文之根据于心理者，为祭天之故习。而伦理思想，则由家长制度而发展，一以贯之。而敬天畏命之观念，由是立焉。

天之观念

此则由崇拜自然之宗教心，而推演为宇宙论者也。

五千年前，吾族由西方来，居黄河之滨，筑室力田，与冷酷之气候相竞，日不暇给。沐雨露之惠，懔水旱之灾，则求其源于苍苍之天。而以为是即至高无上之神灵，监吾民而赏罚之者也。及演进而为抽象之观念，则不视为具有人格之神灵，而竟认为溥博自然之公理。于是揭其起伏有常之诸现象，以为人类行为之标准。以为苟知天理，则一切人事，皆可由是而类推。此则由崇拜自然之宗教心，而推演为宇宙论者也。

天之公理

古人之宇宙论有二：一以动力说明之，而为阴阳二气说；一以物质说明之，而为五行说。二说以渐变迁，而皆以宇宙之进动为对象：前者由两仪而演为四象，由四象而演为八卦，假定八者为原始之物象，以一切现象，皆为彼等互动之结果。因以确立现象变化之大法，而应用于人事。后者以五行为成立世界之原质，有相生相克之性质。而世界各种现象，即于其性质同异间，有因果相关之作用，故可以由此推彼。而未来之现象，亦得而预察之。两者立论之基本，虽有径庭，而于天理人事同一法则之根本义，则若合符节。盖于天之主体，初未尝极深研究，而即以假定之观念推演之，以应用于实际之事象。此吾国古人之言天，所以不同于西方宗教家，而特为伦理学最高观念之代表也。

二说以渐变迁，而皆以宇宙之进动为对象。

天之信仰

天有显道，故人类有法天之义务，是为不容辨证之信仰，即所谓顺帝之则者也。此等信仰，经历世遗传，而浸浸成为天性。如《尚书》中君臣交警之辞，动必及天，非徒辞令之习惯，实亦于无意识中表露其先天之观念也。

天之权威

古人之观天也，以为有何等权威乎。《易》曰："刚柔相摩，鼓之以雷霆，润之以风雨。日月运行，一寒一暑。乾道成男，坤道成女。乾知大始，坤作成物。"谓天之于万物，发之收之，整理之，调摄之，皆非无意识之动作，而密合于道德，观其利益人类之厚而可知也。人类利用厚生之道，悉本于天，故不可不畏天命，而顺天道。畏之顺之，则天锡之福。如风雨以时，年谷顺成，而余庆且及于子孙；其有侮天而违天者，天则现种种灾异，如日月告凶、陵谷变迁之类，以警戒之；犹不

古人之观天也，以为有何等权威乎。

悔，则罚之。此皆天之性质之一斑见于诗书者也。

天道之秩序

天之本质为道德。而其见于事物也，为秩序。

天之本质为道德。而其见于事物也，为秩序。故天神之下有地祇，又有日月星辰山川林泽之神，降而至于猫、虎之属，皆统摄于上帝。是为人间秩序之模范。《易》曰："天尊地卑，乾坤定矣。卑高以陈，贵贱位矣。"此其义也。以天道之秩序，而应用于人类之社会，则凡不合秩序者，皆不得为道德。《易》又曰："有天地然后有万物，有万物然后有男女，有男女然后有夫妇，有夫妇然后有父子，有父子然后有君臣，有君臣然后有上下，有上下然后礼义有所错。"言循自然发展之迹而知秩序之当重也。重秩序，故道德界唯一之作用为中。中者，随时地之关系，而适处于无过不及之地者也。是为道德之根本。而所以助成此主义者，家长制度也。

重秩序，故道德界唯一之作用为中。

家长制度

吾族于建国以前，实先以家长制度组织社会，渐发展而为三代之封建。而所谓宗法者，周之世犹盛行之。其后虽又变封建而为郡县，而家长制度之精神，则终古不变。家长制度者，实行尊重秩序之道，自家庭始，而推暨之以及于一切社会也。一家之中，父为家长，而兄弟姊妹又以长幼之序别之。以是而推之于宗族，若乡党，以及国家。君为民之父，臣民为君之子，诸臣之间，大小相维，犹兄弟也。名位不同，而各有适于其时地之道德，是谓中。

家长制度者，实行尊重秩序之道，自家庭始，而推暨之以及于一切社会也。

古先圣王之言动

三代以前，圣者辈出，为后人模范。其时虽未谙科学规则，且亦鲜有抽象之思想，未足以成立学说，而要不能不视为学说之萌芽。太古之事邈矣，伏羲作《易》，黄帝以道家之祖名。而考其事实，自发明利用厚生诸述外，可信据者盖寡。后世言道德者多道尧舜，其次则禹汤文武周公，其言动颇著于《尚书》，可得而研讨焉。

尧

《书》曰：“尧克明峻德，以亲九族，平章百姓，协和万邦。黎民于变时雍。”先修其身而以渐推之于九族，而百姓，而万邦，而黎民。其重秩位如此。而其修身之道，则为中。其禅舜也，诫之曰：“允执其中”是也。是盖由种种经验而归纳以得之者。实为当日道德界之一大发明。而其所取法者则在天。故孔子曰：“巍巍乎唯天为大，唯尧则之，荡荡乎民无能名也。”

而其修身之道，则为中。

舜

至于舜，则又以中之抽象名称，适用于心性之状态，而更求其切实。其命夔教胄子曰：“直而温，宽而栗，刚而无虐，简而无傲。”言涵养心性之法不外乎中也。其于社会道德，则明著爱有差等之义。命契曰：“百姓不亲，五品不逊，汝为司徒，敬敷五教在宽。”五品、五教，皆谓于社会间，因其伦理关系之类别，而有特别之道德也。是谓五伦之教，所谓父子有亲，君臣有义，夫妇有别，长幼有序，朋友有信，是也。其实不外乎执中。唯各因其关系之不同，而别著其德之名耳。由是而知中之为德，有内外两方面之作用，内以修己，外以及人，为社会道德至当之标准。盖至舜而吾民族固有之伦理思想，已有基础矣。

盖至舜而吾民族固有之伦理思想，已有基础矣。

舜像

禹

禹治水有大功，克勤克俭，而又能敬天。孔子所谓“禹，吾无间然”，“菲饮食而致孝乎鬼神，恶衣服而致美乎黻冕，卑宫室而尽力乎沟洫”，是也。其伦理观念，见于箕子所述之《洪范》。虽所言天锡畴范，迹近迂怪，然承尧舜之后，而发展伦理思想，如《洪范》所云，殆无可疑也。《洪范》所言九畴，论道德及政治之关系，进而及于天人之交涉。其有关于人类道德者，五事，三德，五福，六极诸畴也。分人类之普通行动为貌言视听思五事，以规则制限之：貌恭为肃，言从为乂，视明为哲，听聪为谋，思睿为圣。一本执中之义，而科别较详。其言三德：曰正直，曰刚克，曰柔克。而五福：曰寿，曰富，曰康宁，曰攸好德，曰考终命。六极：曰凶短折，曰疾，曰忧，曰贫，曰恶，曰弱。盖谓神人有感应之理，则天之赏罚，所不得免，而因以确定人类未来之理想也。

禹治水有大功，克勤克俭，而又能敬天。

皋陶

皋陶教禹以九德之目，曰：宽而栗，柔而立，愿而恭，乱而敬，扰而毅，直而温，简而廉，刚而塞，强而义。与舜之所以命夔者相类，而条目较详。其言天聪明自我民聪明，天明威自我民明威，则天人交感，民意所向，即天理所在，亦足以证明《洪范》之说也。

皋陶教禹以九德之目，曰：宽而栗，柔而立，愿而恭，乱而敬，扰而毅，直而温，简而廉，刚而塞，强而义。

商周之革命

夏殷周之间，伦理界之变象，莫大于汤武之革命。其事虽与尊崇秩序之习惯，若不甚合，然古人号君曰天子，本有以天统君之义，而天之聪明明威，皆托于民，即武王所谓天视自我民视，天听自我民听者也，故获罪于民者，即获罪于天，汤武之革命，谓之顺乎天而应乎民，与古昔伦理，君臣有义之教，不相背也。

夏殷周之间，伦理界之变象，莫大于汤武之革命。

>>> 禹像

三代之教育

商周二代，圣君贤相辈出。然其言论之有关于伦理学者，殊不概见。其间如伊尹者，孟子称其非义非道一介不取与，且自任以天下之重。周公制礼作乐，为周代文化之元勋。然其言论之几于学理者，亦未有闻焉。大抵商人之道德，可以墨家代表之；周人之道德，可以儒家代表之。而三代伦理之主义，于当时教育之制，可有推见。孟子称夏有校，殷有序，周有庠，而学则三代共之。《管子》有《弟子职》篇，记洒扫应对进退之教。《周官·司徒》称以乡三物教万民，一曰六德：知、仁、圣、义、中、和；二日六行：孝、友、睦、姻、任、恤；三曰六艺：礼、乐、射、御、书、数。是为普通教育。其高等教育之主义，则见于《礼记》之《大学》篇。其言曰："大学之道，在明明德，在亲民，在止于至善。古之欲明明德于天下者，必先治其国；欲治其国者，先齐其家；欲齐其家者，先修其身；欲修其身者，先正其心；欲正其心者，先诚其意；欲诚其意者，先致其知。致知在格物。自天子以至于庶人，壹是，皆以修身为本。"循天下国家疏近之序，而归本于修身。又以正心诚意致知格物为修身之方法，固已见学理之端绪矣。盖自唐虞以来，积无量数之经验，以至周代，而主义始以确立，儒家言由是启焉。

大抵商人之道德，可以墨家代表之；周人之道德，可以儒家代表之。

盖自唐虞以来，积无量数之经验，以至周代，而主义始以确立，儒家言由是启焉。

(一) 儒家

第三章　孔子

小传

孔子名丘，字仲尼，以周灵王二十一年生于鲁昌平乡陬邑。孔故孔子具殷人质实豪健之性质，而又集历代礼乐文章之大成。

氏系出于殷，而鲁为周公之后，礼文最富。故孔子具殷人质实豪健之性质，而又集历代礼乐文章之大成。孔子尝以其道遍干列国诸侯而不见用。晚年，乃删诗书，定礼乐，赞易象，修春秋，以授弟子。弟子凡三千人，其中身通六艺者七十人。孔子年七十三而卒，为儒家之祖。

孔子之道德

孔子禀上智之资，而又好学不厌。

孔子禀上智之资，而又好学不厌。无常师，集唐虞三代积渐进化之思想，而陶铸之，以为新理想。尧舜者，孔子所假以代表其理想而为模范之人物者也。其实行道德之勇，亦非常人之所及。一言一动，无不准于礼法。乐天知命，虽屡际困厄，不怨天，不尤人。其教育弟子也，循循然善诱人。曾点言志曰：与冠者、童子"浴乎沂，风乎舞雩，咏而归"，则喟然与之。盖标举中庸之主义，约以身作则者也。其学说虽未成立统系之组织，而散见于言论者得寻绎而条举之。

性

孔子劝学而不尊性。

孔子劝学而不尊性。故曰："性相近也，习相远也。""唯上知与下愚不移。"又曰："生而知之者，上也；学而知之者，次也；困而学之，又其次也；困而不学，民斯为下。"言普通之人，皆可以学而知之也。其于性之为善为恶，未及质言。而尝曰："人之生也直，罔之生也幸而免。"又读《诗》至"天生烝民，有物有则，民之秉彝，好是懿德"，则叹为知道。是已有偏于性善说之倾向矣。

>>>《孔子讲学图》

仁

孔子理想中之完人，谓之圣人。

孔子理想中之完人，谓之圣人。圣人之道德，自其德之方面言之曰仁，自其行之方面言之曰孝，自其方法之方面言之曰忠恕。孔子尝曰："仁者爱人，知者知人。"又曰："知者不惑，仁者不忧，勇者不惧。"此分心意为知识、感情、意志三方面，而以知仁勇名其德者。而平日所言之仁，则即以为统摄诸德完成人格之名。故其为诸弟子言者，因人而异。又或对同一之人，而因时而异。或言修己，或言治人，或纠其所短，要不外乎引之于全德而已。孔子尝曰："仁远乎哉？我欲仁，斯仁至矣。"又称颜回"三月不违仁，其余日月至焉。"则固以仁为最高之人格，而又人人时时有可以到达之机缘矣。

孝

故孔子以孝统摄诸行。

人之令德为仁，仁之基本为爱，爱之原泉，在亲子之间，而尤以爱亲之情之发于孩提者为最早。故孔子以孝统摄诸行。言其常，曰养、曰敬、曰谕父母于道。于其没也，曰善继志述事。言其变，曰几谏。于其没也，曰干蛊。夫至以继志述事为孝，则一切修身、齐家、治国、平天下之事，皆得统摄于其中矣。故曰，孝者，始于事亲，中于事君，终于立身。是亦由家长制度而演成伦理学说之一证也。

忠恕

孔子之言忠恕，有消极、积极两方面，施诸己而不愿，亦勿施于人。

孔子谓曾子曰："吾道一以贯之。"曾子释之曰："夫子之道，忠恕而已矣。"此非曾子一人之私言也。子贡问："有一言可以终身行之者乎？"孔子曰："其恕乎。"《礼记·中庸》篇引孔子之言曰："忠恕违道不远。"皆其证也。孔子之言忠恕，有消极、积极两方面，施诸己而不愿，亦勿施于人。此消极之忠恕，揭以严格之命令者也。仁者，己欲立而立人，己欲达而达人。此积极之忠恕，行以自由之理想者也。

仁者，己欲立而立人，己欲达而达人。

学问

忠恕者，以己之好恶律人者也。而人人好恶之节度，不必尽同，于是知识尚矣。孔子曰："学而不思，则罔；思而不学，则殆。"又曰："好仁不好学，其蔽也愚；好知不好学，其蔽也荡；好信不好学，其蔽也贼；好直不好学，其蔽也绞；好勇不好学，其蔽也乱；好刚不好学，其蔽也狂。"言学问之亟也。

孔子曰："学而不思，则罔；思而不学，则殆。"

涵养

人常有知及之，而行之则过或不及，不能适得其中者，其毗刚毗柔之气质为之也。孔子于是以《诗》与礼乐为涵养心性之学。尝曰："兴于《诗》，立于礼，成于乐。"曰："《诗》可以兴，可以观，可以群，可以怨。"曰："若臧武仲之知，公绰之不欲，卞庄子之勇，冉求之艺，文之以礼乐，可以为成人矣。"其于礼乐也，在领其精神，而非必拘其仪式。故曰"礼云礼云，玉帛云乎哉？乐云乐云，钟鼓云乎哉？"

孔子曰："《诗》可以兴，可以观，可以群，可以怨。"

君子

孔子所举，以为实行种种道德之模范者，恒谓之君子，或谓之士。曰："君子有三畏：畏天命，畏大人，畏圣人之言。"曰："君子有三戒：少之时，血气未定，戒之在色；及其壮也，血气方刚，戒之在斗；及其老也，血气既衰，戒之在得。"曰："君子有九思：视思明，听思聪，色思温，貌思恭，言思忠，事思敬，疑思问，忿思难，见曰："文质彬彬，然后君子。"

得思义。"曰："文质彬彬，然后君子。"曰："君子讷于言而敏于行。"曰："君子疾没世而名不称。"曰："士，行己有耻，使于四方，不辱君命；其次，宗族称孝，乡党称弟；其次，言必信，行必果。"曰："志士仁人，无求生以害仁，有杀身以成仁。"其所言多与舜、禹、皋陶之言相出入，而条理较详。要其标准，则不外古昔相传执中之义焉。

政治与道德

孔子之言政治，亦以道德为根本。

孔子之言政治，亦以道德为根本。曰："为政以德。"曰："道之以德，齐之以礼，民有耻且格。"季康子问政，孔子曰："政者，正也。子率以正，孰敢不正？"亦唐、虞以来相传之古义也。

第四章　子思

小传

自孔子没后，儒分为八。而其最大者，为曾子、子夏两派。

自孔子没后，儒分为八。而其最大者，为曾子、子夏两派。曾子尊德性，其后有子思及孟子；子夏治文学，其后有荀子。子思，名伋，孔子之孙也，学于曾子。尝游历诸国，困于宋。作《中庸》。晚年，为鲁缪公之师。

中庸

《汉书》称子思二十三篇，而传于世者唯《中庸》。

《汉书》称子思二十三篇，而传于世者唯《中庸》。中庸者，即唐虞以来执中之主义。庸者，用也，盖兼其作用而言之。其语亦本于孔子，所谓君子中庸、小人反中庸者也。《中庸》一篇，大抵本孔子实行道德之训，而以哲理疏解之，以求道德之起原。盖儒家言，至是而渐趋于研究学理之倾向矣。

盖儒家言，至是而渐趋于研究学理之倾向矣。

率性

子思以道德为原于性，曰："天命之为性，率性之为道，修道之为教。"言人类之性，本于天命，具有道德之法则。循性而行之，是为道德。是已有性善说之倾向，为孟子所自出也。率性之效，是谓中庸。而实行中庸之道，甚非易易，贤者过之，不肖者不及也。子思本孔子之训，而以忠恕为致力之法，曰："忠恕违道不远，施诸己而不愿，亦勿施于人。"曰："所求乎子，以事父；所求乎臣，以事君；所求乎弟，以事兄；所求乎朋友，先施之。"此其以学理示中庸之范畴者也。

率性之效，是谓中庸。

诚

子思以率性为道，而以诚为性之实体。曰："自诚明谓之性，自明诚谓之教。"又以诚为宇宙之主动力，故曰："诚者，自成也；道者，自道也。诚者，物之终始，不诚无物。诚者，非自成己而已也，所以成物也。成己，仁也；成物，智也。性之德也，合内外之道也，故时措之宜也。"是子思之所谓诚，即孔子之所谓仁。唯欲并仁之作用而著之，故名之以诚。又扩充其义，以为宇宙问题之解释，至诚则能尽性，合内外之道，调和物我，而达于天人契合之圣境，历劫不灭，而与天地参，虽渺然一人，而得有宇宙之价值也。于是宇宙间因果相循之迹，可以预计。故曰："至诚之道，可以前知。国家将兴，必有祯祥；国家将亡，必有妖孽。见乎蓍龟，动乎四体。祸福将至，善，必先知之，不善，必先知之，故至诚如神。"言诚者，含有神

子思以率性为道，而以诚为性之实体。

秘之智力也。然此唯生知之圣人能之,而非人人所可及也。然则人之求达于至诚也,将奈何?子思勉之以学,曰诚者,天之道也,诚之者,人之道也。诚者,不勉而中,不思而得,从容中道,圣人也。诚之者,择善而固执之者也,博学之,审问之,慎思之,明辨之,笃行之,弗能弗措。人一能之,己百之,人十能之,己千之。虽愚必明,虽柔必强。言以学问之力,认识何者为诚,而又以确固之步趋几及之,固非以无意识之任性而行为率性矣。

言以学问之力,认识何者为诚,而又以确固之步趋几及之,固非以无意识之任性而行为率性矣。

结论

子思以诚为宇宙之本,而人性亦不外乎此。又极论由明而诚之道,盖扩张往昔之思想,而为宇宙论,且有秩然之统系矣。唯于善恶之何以差别,及恶之起原,未遑研究。斯则有待于后贤者也。

第五章 孟子

孔子没百余年,周室愈衰,诸侯互相并吞,尚权谋,儒术尽失其传。是时崛起邹鲁,排众论而延周孔之绪者,为孟子。

是时崛起邹鲁,排众论而延周孔之绪者,为孟子。

小传

孟子名轲,幼受贤母之教。及长,受业于子思之门人。学成,欲以王道干诸侯,历游齐、梁、宋、滕诸国。晚年,知道不行,乃与弟子乐正克、公孙丑、万章等,记其游说诸侯及与诸弟子问答之语,为《孟子》七篇。以周赧王三十三年卒。

>>> 孟子像

创见

孟子者,承孔子之后,而能为北方思想之继承者也。其于先圣学说益推阐之，以应世用。而亦有几许创见：1. 承子思性说而确言性善;2. 循仁之本义而配之以义,以为实行道德之作用;3. 以养气之说论究仁义之极致及效力,发前人所未发;4. 本仁义而言王道,以明经国之大法。

性善说

性善之说，为孟子伦理思想之精髓。

性善之说,为孟子伦理思想之精髓。盖子思既以诚为性之本体,而孟子更进而确定之,谓之善。以为诚则未有不善也。其辨证有消极、积极二种。消极之辨证,多对告子而发。告子之意,性唯有可善之能力,而本体无所谓善不善,故曰:“生了为性。”曰:“以人性为仁义,犹以杞柳为桮棬。”曰:“人性之无分于善不善也,犹水之无分于东西也。”孟子对于其第一说,则诘之曰:“然则犬之性犹牛之性,牛之性犹人之性与?”盖谓犬牛之性不必善,而人性独善也。对于其第二说,则曰:“戕贼杞柳而后可以为桮棬,然则亦将戕贼人以为仁义与?”言人性不待矫揉而为仁义也。对于第三说,则曰:“水信无分于东西,无分于上下乎?今夫水,搏而跃之,可使过颡;激而行之,可使在山。是岂水之性也哉?”人之为不善,亦犹是也。水无有不下,人无有不善,则兼明人性虽善而可以使为不善之义,较前二说为备。虽然,是皆对于告子之说,而以论理之形式,强攻其设喻之不当。于性善之证据,未之及也。孟子则别有积以经验之心理,归纳而得之,曰:“人皆有不忍人之心。今人乍见孺子将入于井,皆有怵惕恻隐之心,非所以内交于孺子之父母也,非所以要誉于乡党朋友也,非恶其声而然也。恻隐之心,人皆

水无有不下，人无有不善,则兼明人性虽善而可以使为不善之义,较前二说为备。

有之，仁之端也；羞恶之心，人皆有之，义之端也；辞让之心，人皆有之，礼之端也；是非之心，人皆有之，智之端也。”言仁义礼智之端，皆具于性，故性无不善也。虽然，孟子之所谓经验者如此而已。然则循其例而求之，即诸恶之端，亦未必无起原于性之证据也。

言仁义礼智之端，皆具于性，故性无不善也。

欲

孟子既立性善说，则于人类所以有恶之故，不可不有以解之。孟子则谓恶者非人性自然之作用，而实不尽其性之结果。山径不用，则茅塞之。山木常伐，则濯濯然。人性之障蔽而梏亡也，亦若是。是皆欲之咎也。故曰：“养心莫善于寡欲。其为人也寡欲，虽有不存焉者寡矣；其为人也多欲，虽有存焉者寡矣。”孟子之意，殆以欲为善之消极，而初非有独立之价值。然于其起原，一无所论究，亦其学说之缺点也。

孟子则谓恶者非人性自然之作用，而实不尽其性之结果。

义

性善，故以仁为本质。而道德之法则，即具于其中，所以知其法则而使人行之各得其宜者，是为义。无义则不能行仁。即偶行之，而亦为意识之动作。故曰：“仁，人心也；义，人路也。”于是吾人之修身，亦有积极、消极两作用：积极者，发挥其性所固有之善也；消极者，求其放心也。

性善，故以仁为本质。

浩然之气

浩然之气者，形容其意志中笃信健行之状态也。

发挥其性所固有之善将奈何？孟子曰：“在养浩然之气。”浩然之气者，形容其意志中笃信健行之状态也。其潜而为势力也甚静稳，其动而作用也又甚活泼。盖即中庸之所谓诚，而自其动作方面形容之。一言以蔽之，则仁义之功用而已。

求放心

人性既善，则常有动而之善之机，唯为欲所引，则往往放其良心而不顾。故曰："人岂无仁义之心哉？其所以放其良心者，亦犹斧斤之于木也，旦旦而伐之。虽然，已放之良心，非不可以复得也，人自不求之耳。"故又曰："学问之道无他，求其放心而已矣。"

"学问之道无他，求其放心而已矣。"

孝弟

孟子之伦理说，注重于普遍之观念，而略于实行之方法。其言德行，以孝弟为本。曰："孩提之童，无不知爱其亲也。及其长也，无不知敬其兄也。亲亲，仁也；敬长，义也。无他，达之天下也。"又曰："尧、舜之道，孝弟而已矣。"

"尧、舜之道，孝弟而已矣。"

大丈夫

孔子以君子代表实行道德之人格，孟子则又别以大丈夫代表之。

孔子以君子代表实行道德之人格，孟子则又别以大丈夫代表之。其所谓大丈夫者，以浩然之气为本，严取与出处之界，仰不愧于天，俯不怍于人，不为外界非道非义之势力所左右，即遇困厄，亦且引以为磨炼身心之药石，而不以挫其志。盖应时势之需要，而论及义勇之价值及效用者也。其言曰："说大人，则藐之，勿视其巍巍然，在彼者皆我所不为也，在我者皆古之制也，吾何畏彼哉？"又曰："居天下之广居，立天下之正位，行天下之大道。得志，与民由之；不得志，独行其道。富贵不能淫，贫贱不能移，威武不能屈。此之谓大丈夫。"又曰："天之将降大任于是人也，必先苦其心志，劳其筋骨，饿其体肤，空乏其身，行拂乱其所为，然后动心忍性，增益其所不能。”此足以观孟子之胸襟矣。

自暴自弃

人之性善，故能学则皆可以为尧、舜。其或为恶不已，而其究且如桀纣者，非其性之不善，而自放其良心之咎也，是为自暴自弃。故曰：“自暴者不可与有言也，自弃者不可与有为也。言非礼义，谓之自暴。吾身不能居仁由义，谓之自弃也。”

人之性善，故能学则皆可以为尧、舜。

政治论

孟子之伦理说，亦推扩而为政治论。所谓有不忍人之心斯有不忍人之政者也。其理想之政治，以尧舜代表之。尝极论道德与生计之关系，劝农桑，重教育。其因齐宣王好货、好色、好乐之语，而劝以与百姓同之。又尝言国君进贤退不肖，杀有罪，皆托始于国民之同意。以舜、禹之受禅，实迫于民视民听。桀纣残贼，谓之一夫，而不可谓之君。提倡民权，为孔子所未及焉。

提倡民权，为孔子所未及焉。

结论

孟子承孔子、子思之学说而推阐之，其精深虽不及子思，而博大翔实则过之，其品格又足以相副，信不愧为儒家巨子。唯既立性善说，而又立欲以对待之，于无意识之间，由一元论而嬗变为二元论，致无以确立其论旨之基础。盖孟子为雄伟之辩论家，而非沈静之研究家，故其立说，不能无遗憾焉。

第六章　荀子

小传

荀子名况，赵人。后孟子五十余年生。尝游齐楚。疾举世溷浊，国乱相继，大道蔽壅，礼义不起，营巫祝，信禨祥，邪说盛行，紊俗坏风，爰述仲尼之论，礼乐之治，著书数万言，即今所传之《荀子》是也。

学说

汉儒述毛诗传授系统，自子夏至荀子，而荀子书中尝并称仲尼、子弓。子弓者，馯臂子弓也。尝受《易》于商瞿，而实为子夏之门人。荀子为子夏学派，殆无疑义。子夏治文学，发明章句。故荀子著书，多根据经训，粹然存学者之态度焉。

荀子为子夏学派，殆无疑义。

人道之原

荀子以前言伦理者，以宇宙论为基本，故信仰天人感应之理，而立性善说。至荀子，则划绝天人之关系，以人事为无与于天道，而特为各人之关系。于是有性恶说。

于是有性恶说。

性恶说

荀子祖述儒家，欲行其道于天下，重利用厚生，重实践伦理，以研究宇宙为不急之务。自昔相承理想，皆以祯祥灾孽，彰天人交感之故。及荀子，则虽亦承认自然界之确有理法，而特谓其无关于道德，无关于人类之行为。凡治乱祸福，一切社会现象，悉起伏于人类之势力，而于天无与也。唯荀子既以人类势力为社会成立之原因，而见其间有自然冲突之势力存焉，是为欲。遂推进而以欲为天性之实体，而谓人性皆恶。是亦犹孟子以人皆有不忍之心而谓人性皆善也。

荀子以人类为同性，与孟子同也。故既持性恶之说，则谓人人具有恶性。桀纣为率性之极，而尧舜则怫性之功。故曰：人之性恶，其善者伪也（伪与为同）。于是孟、荀二子之言，相背而驰。孟子持性善说，而于恶之所由起，不能自圆其说；荀子持性恶说，则于善之所由起，亦不免为困难之点。荀子乃以心理之状态解释之，曰："夫薄则愿厚，恶则愿善，狭则愿广，贫则愿富，贱则愿贵，无于中则求于外。"然则善也者，不过恶之反射作用。而人之欲善，则犹是欲之动作而已。然其所谓善，要与意识之善有别。故其说尚不足以自立，而其依据学理之倾向，则已胜于孟子矣。

荀子以人类为同性，与孟子同也。

性论之矛盾

荀子虽持性恶说，而间有矛盾之说。彼既以人皆有欲为性恶之由，然又以欲为一种势力。欲之多寡，初与善恶无关。善恶之标准为理，视其欲之合理与否，而善恶由是判焉。曰："天下之所谓善者，正理平治也；所谓恶者，偏险悖乱也。"是善恶之分也。又曰："心之所可，苟中理，欲虽多，奚伤治？心之所可，苟失理，欲虽寡，奚止乱？"是其欲与善恶无关之说也。又曰："心虚一而静。心未尝不臧，然而谓之虚；心未尝不满，然而谓之静。人生而有知，有知而后有志，有志者谓之臧。"又曰："圣人知心术之患、蔽塞之祸，故无欲无恶，无始无终，无近无远，无博无浅，无古无今，兼陈万物而悬衡于中。"是说也，与后世淮南子之说相似，均与其性恶说自相矛盾者也。

荀子虽持性恶说，而间有矛盾之说。

>>> 荀子像

修为之方法

持性善说者，谓人性之善，如水之就下，循其性而存之、养之、扩充之，则自达于圣人之域。荀子既持性恶之说，则谓人之为善，如木之必待隐括矫揉而后直，苟非以人为矫其天性，则无以达于圣域。是其修为之方法，为消极主义，与性善论者之积极主义相反者也。

持性善说者，谓人性之善，如水之就下，循其性而存之、养之、扩充之，则自达于圣人之域。

礼

何以矫性？曰礼。礼者不出于天性而全出于人为。故曰："积伪而化谓之圣。圣人者，伪之极也。"又曰："性伪合，然后有圣人之名。盖天性虽复常存，而积伪之极，则性与伪化。"故圣凡之别，即视其性伪化合程度如何耳。积伪在于知礼，而知礼必由于学。故曰："学不可以已。其数，始于诵经，终于读礼。其义，始于士，终于圣人。学数有终，若其义则须臾不可舍。为之人也，舍之禽兽也。书者。政治之纪也。诗者，中声之止也。礼者，法之大分，群类之纲纪也。"故学至礼而止。

何以矫性？曰礼。

礼之本始

礼者，圣人所制。然圣人亦人耳，其性亦恶耳，何以能萌蘖至善之意识，而据之以为礼？荀子尝推本自然以解释之，曰："天地者，生之始也。礼义者，治之始也。君子者，礼义之始也。故天地生君子，君子理天地。君子者，天地之尽也，万物之总也，民之父母也。无君子则天地不理，礼义无统，上无君师，下无父子。"然则君子者，天地所特畀以创造礼义之人格，宁非与其天人无关之说相违与？荀子又尝推本人情以解说之，曰："三年之丧，称情而立文，

礼者，圣人所制。

所以为至痛之极也。"如其言,则不能不预想人类之本有善性,是又不合于人性皆恶之说矣。

礼之用

荀子之所谓礼,包法家之所谓法而言之,故由一身而推之于政治。

荀子之所谓礼,包法家之所谓法而言之,故由一身而推之于政治。故曰:"隆礼贵义者,其国治;简礼贱义者,其国乱。"又曰:"礼者,治辨之极也,强国之本也,威行之道也,功名之总也。王公由之,所以得天下;不由之,所以陨社稷。故坚甲利兵,不足以为胜;高城深池,不足以为固;严令繁刑,不足以为威。由其道则行,不由其道则废。"礼之用可谓大矣。

礼乐相济

有礼则不可无乐。

有礼则不可无乐。礼者,以人定之法,节制其身心,消极者也。乐者,以自然之美,化感其性灵,积极者也。礼之德方而智,乐之德圆而神。无礼之乐,或流于纵恣而无纪;无乐之礼,又涉于枯寂而无趣。是以荀子曰:"夫音乐,入人也深,而化人也速,故先王谨为之文,乐中平则民和而不流,乐肃庄则民齐而不乱,民和齐则兵劲而城固。"

刑罚

礼以齐之,乐以化之,而尚有顽冥不灵之民,不帅教化,则不得不继之以刑罚。刑罚者,非徒惩已著之恶,亦所以慑佥人之胆而遏恶于未然者也。故不可不强其力,而轻刑不如重刑。故曰:"凡刑人者,所以禁暴恶恶,且惩其末也。故刑重则世治,而刑轻则世乱。"

理想之君道

荀子知世界之进化，后胜于前，故其理想之太平世，不在太古而在后世。曰："天地之始，今日是也。百王之道，后王是也。"故礼乐刑政，不可不与时变革，而为社会立法之圣人，不可不先后辈出。圣人者，知君人之大道者也。故曰："道者何耶？曰君道。君道者何耶？曰能群。能群者何耶？曰善生养人者也，善斑治人者也，善显役人者也，善藩饰人者也。"

荀子知世界之进化，后胜于前，故其理想之太平世，不在太古而在后世。

结论

荀子学说，虽不免有矛盾之迹，然其思想多得之于经验，故其说较为切实。重形式之教育，揭法律之效力，超越三代以来之德政主义，而近接于法治主义之范围。故荀子之门，有韩非、李斯诸人，持激烈之法治论，此正其学说之倾向，而非如苏轼所谓由于人格之感化者也。荀子之性恶论，虽为常识所震骇，然其思想之自由，论断之勇敢，不愧为学者云。

荀子之性恶论，虽为常识所震骇，然其思想之自由，论断之勇敢，不愧为学者云。

（二）道家

第七章　老子

小传

老子姓李氏，名耳，字曰聃，苦县人也。不详其生年，盖长于孔子。苦县本陈地，及春秋时而为楚领，老子盖亡国之遗民也。故不仕于楚，而为周柱下史。晚年，厌世，将隐遁，西行，至函关，关令尹喜要之，老子遂著书五千余言，论道德之要，后人称为《道德经》云。

学说之渊源

《老子》二卷，上卷多说道，下卷多说德，前者为世界观，后者为人生观。

《老子》二卷，上卷多说道，下卷多说德，前者为世界观，后者为人生观。其学说所自出，或曰本于黄帝，或曰本于史官。综观老子学说，诚深有鉴于历史成败之因果，而细绎以得之者。而其间又有人种地理之影响。盖我国南北二方，风气迥异。当春秋时，楚尚为齐、晋诸国之公敌，而被摈于蛮夷之列。其冲突之迹，不唯在政治家，即学者维持社会之观念，亦复相背而驰。老子之思想，足以代表北方文化之反动力矣。

学说之趋向

老子以降，南方之思想，多好为形而上学之探究。盖其时北方儒者，以经验世界为其世界观之基础，繁其礼法，缛其仪文，而忽于养心之本旨。故南方学者反对之。北方学者之于宇宙，仅究现象变化之规则；而南方学者，则进而阐明宇宙之实在。故如伦理学者，几非南方学者所注意，而且以道德为消极者也。

道

老子则以宇宙之本体为道，即宇宙全体抽象之记号也。

北方学者之所谓道，宇宙之法则也。老子则以宇宙之本体为道，即宇宙全体抽象之记号也。故曰："致虚则极，守静则笃，万物并作，吾以观其复。夫物芸芸然，各归其根曰静，静曰复命，复命曰常，知常曰明。"言道本虚静，故万物之本体亦虚静，要当纯任自然，而复归于静虚之境。此则老子厌世主义之根本也。

>>> 老子像

德

老子所谓道，既非儒者之所道，因而其所谓德，亦非儒者之所德。

老子所谓道，既非儒者之所道，因而其所谓德，亦非儒者之所德。彼以为太古之人，不识不知，无为无欲，如婴儿然，是为能体道者。其后智慧渐长，惑于物欲，而大道渐以澌灭。其时圣人又不揣其本而齐其末，说仁义，作礼乐，欲恃繁文缛节以拘梏之。于是人人益趋于私利，而社会之秩序，益以紊乱。及今而救正之，唯循自然之势，复归于虚静，复归于婴儿而已。故曰："小国寡民，有什伯之器而不用，使民重死而不远徙。虽有舟舆，无所乘之；虽有兵甲，无所陈之。使人复结绳而用之，甘其食，美其服，安其居，乐其俗，邻国相望，鸡犬之声相闻，民至老死不相往来。"老子所理想之社会如此。其后庄子之《胠箧篇》，又述之。至陶渊明，又益以具体之观念，而为《桃花源记》。足以见南方思想家之理想，常为遁世者所服膺焉。

道德者，由相对之不道德而发生。仁义忠孝，发生于不仁不义不忠不孝。

老子所见，道德本不足重，且正因道德之崇尚，而足征世界之浇漓，苟循其本，未有不爽然自失者。何则？道德者，由相对之不道德而发生。仁义忠孝，发生于不仁不义不忠不孝。如人有疾病，始需医药焉。故曰："大道废，有仁义。智慧出，有大伪。六亲不和，有孝慈。国家昏乱，有忠臣。"又曰："上德不德，是以有德；下德不失德，是以无德。上德无为而无以为，下德为之而有以为，上仁为之而无以为，上义为之而有以为，上礼为之而无应之，则攘臂而争之。故失道而后德，失德而后仁，失仁而后义，失义而后礼。夫礼者，忠信之薄，乱之首也。前识者，道之华，愚之始也。是以大丈夫处厚而不居薄，处实而不居华，故去彼取此。"

道德论之缺点

老子以消极之价值论道德，其说诚然。盖世界之进化，人事日益复杂，而害恶之条目日益繁殖，于是禁止之预备之作用，亦随之而繁殖。此即道德界特别名义发生之所由，征之历史而无惑者也。然大道何由而废？六亲何由而不和？国家何由而昏乱？老子未尝言之，则其说犹未备焉。

老子以消极之价值论道德，其说诚然。

因果之倒置

世有不道德而后以道德救之，犹人有疾病而以医药疗之，其理诚然。然因是而遂谓道德为不道德之原因，则犹以医药为疾病之原因，倒因而为果矣。老子之论道德也，盖如此。曰："古之善为道者，非以明民，将以愚之。民之难治，以其智多。以智治国，国之贼，不以智治国，国之福。"又曰："绝圣弃智，民利百倍；绝仁弃义，民复孝慈；绝巧弃利，盗贼无有。""天下多忌讳而民弥贫；民利益多，国家滋昏；人多伎巧，奇物滋起；法令滋彰，盗贼多有。"盖世之所谓道德法令，诚有纠扰苛苦，转足为不道德之媒介者，如庸医之不能疗病而转以益之。老子有激于此，遂谓废弃道德，即可臻于至治，则不得不谓之谬误矣。

老子有激于此，遂谓废弃道德，即可臻于至治，则不得不谓之谬误矣。

齐善恶

老子又进而以无差别界之见，应用于差别界，则为善恶无别之说。曰："道者，万物之奥，善人之宝，不善人之(所)保。"是合善恶而悉谓之道也。又曰："天下皆知美之为美，斯恶矣；皆知善之为善，斯不善矣。"言丑恶之名，缘美善而出。苟无美善，则亦无所谓丑恶也。是皆绝对界之见，以形而上学之理绳之，固不能谓之谬误。然使应用盖人类既处于相对之世界，固不能以绝对界之理相绳也。

其说于伦理界，则直无伦理之可言。盖人类既处于相对之世界，固不能以绝对界之理相绳也。老子又为辜较之言曰："唯之与阿，相去几何？善之与恶，相去奚若？"则言善恶虽有差别，而其别甚微，无足措意。然既有差别，则虽至极微之界，岂得比而同之乎？

无为之政治

老子既以道德为长物，则其视政治也亦然。

老子既以道德为长物，则其视政治也亦然。其视政治为统治者之责任，与儒家同。唯儒家之所谓政治家，在道民齐民，使之进步；而老子之说，则反之，唯循民心之所向而无忤之而已。故曰："圣人无常心，以百姓之心为心。善者吾善之，不善者吾亦善之，德善也。信者吾信之，不信者吾亦信之，德信也。圣人之在天下，歙歙然不为天下浑其心，百姓皆注耳目也，圣人皆孩之。"

法术之起源

老子既主无为之治，是以斥礼乐，排刑政，恶甲兵，甚且绝学而弃智。虽然，彼亦应时势而立政策。虽于其所说之真理，稍若矛盾，而要仍本于其齐同善恶之概念。故曰："将欲噏之，必固张之。将欲弱之，必固强之。将欲废之，必固兴之。将欲夺之，必固与之。"又曰："以正治国，以奇用兵。"又曰："用兵有言，吾不为主而为客。"又曰："天之道，其犹张弓乎，高者抑之，下者举之，有余者损之，不足者补之。天道损有余而补不足，人之道不然，损不足以奉有余，孰能以有余奉天下？唯有道者而已。是以圣人为而不恃，功成而不处，不欲见其贤。"由是观之，老子固精于处世之法者。彼自立于齐同美恶之地位，而以至巧之策处理世界。俄(彼)虽斥智慧为废物，而于相对界，不得不巧施其智慧。此其所以为权谋术数所

由是观之，老子固精于处世之法者。

自出，而后世法术家皆奉为先河也。

结论

老子之学说，多偏激，故能刺冲思想界，而开后世思想家之先导。然其说与进化之理相背驰，故不能久行于普通健全之社会，其盛行之者，唯在不健全之时代，如魏、晋以降六朝之间是已。

老子之学说，多偏激，故能刺冲思想界，而开后世思想家之先导。

第八章　庄子

老子之徒，自昔庄、列并称。然今所传列子之书，为魏、晋间人所伪作，先贤已有定论。仅足借以见魏、晋人之思潮而已，故不序于此，而专论庄子。

老子之徒，自昔庄、列并称。

小传

庄子，名周，宋蒙县人也。尝为漆园吏。楚威王聘之，却而不往。盖愤世而隐者也。（案：庄子盖稍先于孟子，故书中虽诋儒家而不及孟。而孟子之所谓杨朱，实即庄周。古音庄与杨、周与朱俱相近，如荀卿之亦作孙卿也。孟子曰："杨氏为我，拔一毫而利天下不为也。"又曰："杨朱、墨翟之言盈天下，杨氏为我，是无君也。"《吕氏春秋》曰："阳子贵己。"《淮南子·泛论训》曰："全性保真，不以物累形，杨子之所立也。而孟子非之。"贵己保真，即为我之正旨。庄周书中，随在可指。如许由曰："余无所用天下为。"连叔曰："之人也，之德也，将旁礴万物以为一世也。蕲乎乱，孰弊弊焉以天下为事？是其尘垢秕糠，犹将陶铸尧、舜者也，孰肯以物为事？”其他类是者，不可以更仆数，正孟子所谓拔一毛而利天下不为者也。子路之诋长沮、桀溺也，曰：“废君臣之义。”曰：“欲洁其身而乱大伦。”正与孟子所谓杨氏无君相同。至《列子·杨朱》篇，则因误会孟子之言而附会之者。如其所言，则纯然下等之自利主义，不特无以风动天下，而且与儒家言之道德，截然相反。孟子所以斥之者，岂仅曰无君而已。余别有详考。附著其略于此云。）

学派

韩愈曰：“子夏之学，其后有田子方；子方之后，流而为庄子。”其说不知所本。要之，老子既出，其说盛行于南方。庄子生楚、魏之间，受其影(响)，而以其闳眇之思想扩大之。不特老子权谋术数之见，一无所染，而其形而上界之见地，亦大有进步，已浸浸接近于佛说。庄子者，超绝政治界，而纯然研求哲理之大思想家也。汉初盛言黄老。魏、晋以降，盛言老庄。此亦可以观庄子与老佛异同之朕兆矣。

庄子之书，存者凡三十三篇：内篇七，外篇十五，杂篇十一。

庄子之书，存者凡三十三篇：内篇七，外篇十五，杂篇十一。内篇义旨闳深，先后互相贯注，为其学说之中坚。外篇、杂篇，则所以反复推明之者也。杂篇之《天下》篇，历叙各家道术而批判之，且自陈其宗旨之所在，与老子有同异焉。是即庄子之自叙也。

庄子以世界为由相对之现象而成立，其本体则未始有对也，无为也，无始无终而永存者也，是为道。

世界观及人生观

庄子以世界为由相对之现象而成立，其本体则未始有对也，无为也，无始无终而永存者也，是为道。故曰：“彼是无得其偶谓之道。”曰：“道未始有对。”由是而其人生观，亦以反本复始为主义。盖超越相对界而认识绝对无终之本体，以宅其心意之谓也。而所以达此主义者，则在虚静恬淡，屏绝一切矫揉造作之为，而悉委之自然。忘善恶，脱苦厄，而以无为处世。故曰："大块载我以形，劳我以生，佚我以老，息我以死。故善吾生者，乃所以善吾死者也。"夫生死且不以婴心，更何有于善恶耶！

理想之人格

能达此反本复始之主义者，庄子谓之真人，亦曰神人、圣人。而称其才为全才。尝于其《大宗师》篇详说之。曰："古之真人，不逆寡，不雄成，不谟士。若然者，过而弗悔，当而不自得也。登高不栗，入水不濡，入火不热，其觉无忧，其息深深。"又曰："不知说生，不知恶死。其出不欣，其入不距。翛然往来，不忘其所始，不求其所终。受而喜之，忘而复之，是之谓不以心捐道，不以人助天，是之谓真人。"其他散见各篇者多类此。

能达此反本复始之主义者，庄子谓之真人，亦曰神人、圣人。而称其才为全才。

修为之法

凡人欲超越相对界而达于极对界，不可不有修为之法。庄子言其卑近者，则曰："微志之勃，解心之谬，去德之累，进道之塞。贵、富、显、严、名、利，六者，勃志也。容、动、色、理、气、意，六者，谬心也。恶、欲、喜、怒、哀、乐，六者，累德也。去、就、取、与、知、能，六者，塞道也。此四六者不荡胸中，则正。正则静，静则明，明则虚，虚则无为而无不为也。"是其消极之修为法也。又曰："夫道，覆载万物者也。洋洋乎大哉，君子不可以不刳心焉。无为为之之谓天，无为言之之谓德，爱人利物之谓仁，不同同之之谓大，行不崖异之谓宽，有万不同之谓富，故执德之谓纪，德成之谓立，循于道之谓备，不以物挫志之谓完。君子明于此十者，则韬乎其事心之大

凡人欲超越相对界而达于极对界，不可不有修为之法。

也，沛乎其为万物逝也。”是其积极之修为法也。合而言之，则先去物欲，进而任自然之谓也。

内省

庄子更进而揭其内省之极工，是谓心斋。

去四“六害”，明“十事”，皆对于外界之修为也。庄子更进而揭其内省之极工，是谓心斋。于《人间世》篇言之曰：颜回问心斋，仲尼曰：“一若志无听之以耳而听之以心，无听之以心而听之以气。听止于耳，心止于符。气也者，虚而待物者也。唯道集虚。虚者，心斋也。心斋者，绝妄想而见性真也。”彼尝形容其状态曰：“南郭子綦隐几而坐，仰天而嘘，嗒然似丧其耦。颜成子游曰：‘何居乎？形固可使如槁木，而心固可使如死灰乎？’”“孔子见老子，老子新沐，方被发而干之，慹然似非人者。孔子进见曰：‘向者，先生之形体，掘若槁木，似遗世离人而立于独。’老子曰：‘吾方游于物之始’。”游于物之始，即心斋之作用也。其言修为之方，则曰：“吾守之三日而后能外天下，又守之七日而后能外物，又守之九日而后能外生，外生而后能朝彻，朝彻而后能见独，见独而后能无古今，无古今而后入不死不生。”又曰：“一年而野，二年而从，三年而通，四年而物，五年而来，六年而鬼入，七年而天成，八年而不知生不知死，九年而大妙。”盖相对世界，自物质及空间、时间两形式以外，本能所有。庄子所谓外物及无古今，即超绝物质及空间、时间，纯然绝对世界之观念。或言自三日以至九日，或言自一年以至九年，皆不过假设渐进之程度。唯前者述其工夫，后者述其效验而已。庄子所谓心斋，与佛家之禅相似。盖至是而南方思想，已与印度思想契合矣。

庄子所谓外物及无古今，即超绝物质及空间、时间，纯然绝对世界之观念。

>>>《孔子见老子图》

北方思想之驳论

庄子之思想如此，则其与北方思想，专以人为之礼教为调摄心性之作用者，固如冰炭之不相入矣。故于儒家所崇拜之帝王，多非难之。曰：“三皇五帝之治天下也，名曰治之，乱莫甚焉，使人不得安其性命之情，而犹谓之圣人，不可耻乎！”又曰：“昔者皇帝始以仁义撄人之心，尧舜于是乎股无胈，胫无毛，以养天下之形。愁其五藏，以为仁义，矜其血气，以规法度，然犹有不胜也。尧于是放驩兜，投三苗，流共工，此不胜天下也。夫施及三王而天下大骇矣。下有桀跖，上有曾史，而儒墨毕起。于是乎喜怒相疑，愚知相欺，善否相非，诞信相讥，而天下衰矣。大德不同而性命烂漫矣。天下好知而百姓求竭矣。于是乎新锯制焉，绳墨杀焉，椎凿决焉，天下脊脊大乱，罪在撄人心。”其他全书中类此者至多。其意不外乎圣人尚智慧，设差别，以为争乱之媒而已。

其意不外乎圣人尚智慧，设差别，以为争乱之媒而已。

排仁义

儒家所揭以为道德之标帜者，曰仁义。故庄子排之最力，曰：“骈拇枝指，出乎性哉？而侈于德。附赘悬疣，出乎形哉？而侈于性。多方乎仁义而用之者，列乎五藏哉？而非道德之正也。性长非所断，性短非所续，无所去忧也。意仁义其非人情乎？彼仁人何其多忧也。且夫待钩绳规矩而正者，是削其性也。待绳约胶漆而固者，是侵其德也，屈折礼乐，呴俞仁义，以慰天下之心者，此失其常然也。常然者，天下诱然皆生而不知其所以生，同焉皆得而不知其所以得。故古今不二，不可亏也。则仁义又奚连连如胶漆缠索而游乎道德之间为哉！”盖儒家之仁义，本所以止乱。而自庄子观之，则因仁义而更以致乱，以其不顺乎人性也。

而自庄子观之，则因仁义而更以致乱，以其不顺乎人性也。

道德之推移

庄子之意，世所谓道德者，非有定实，常因时地而迁移。故曰："水行无若用舟，陆行无若用车。以舟之可行于水也，而推之于陆，则没世而不行寻常。古今非水陆耶？周鲁非舟车耶？今蕲行周于鲁，犹推舟于陆，劳而无功，必及于殃。夫礼义法度，应时而变者也。今取猨狙而衣以周公之服，彼必龁啮挽裂，尽去之而后慊。古今之异，犹猨狙之于周公也。"庄子此论，虽若失之过激，然儒家末流，以道德为一定不易，不研究时地之异同，而强欲纳人性于一冶之中者，不可不以庄子此言为药石也。

庄子之意，世所谓道德者，非有定实，常因时地而迁移。

道德之价值

庄子见道德之随时地而迁移者，则以为其事本无一定之标准，徒由社会先觉者，借其临民之势力，而以意创定。凡民率而行之，沿袭既久，乃成习惯。苟循其本，则足知道德之本无价值，而率循之者，皆媚世之流也。故曰："孝子不谀其亲，忠臣不谀其君。君亲之所言而然，所行而善，世俗所谓不肖之臣子也。世俗之所谓然而然之，世俗之所谓善而善之，不谓之道谀之人耶！"

道德之利害

道德既为凡民之事，则于凡民之上，必不能保其同一之威严。故不唯大圣，即大盗亦得而利用之。故曰："将为胠箧探囊发匮之盗而为守备，则必摄缄縢，固扃鐍，此世俗之所谓知也。然而大盗至，则负匮揭箧探囊而趋，唯恐缄縢扃鐍之不固也。然则乡之所谓知者，不乃为大盗积者也。故尝试论之，世俗所谓知者，有不为大盗积者乎？所谓圣者，有不为大盗守者乎？何以知其然耶？昔者齐

道德既为凡民之事，则于凡民之上，必不能保其同一之威严。

国所以立宗庙社稷，治邑屋州闾乡曲者，曷尝不法圣人哉？然而田成子一旦杀齐君而盗其国，所盗者岂独其国耶？并与其圣知之法而盗之。小国不敢非，大国不敢诛，十二世有齐国，则是不乃窃齐国并与其圣知之法，以守其盗贼之身乎？跖之徒问于跖曰：‘盗亦有道乎？’跖曰：‘何适而无有道耶！夫妄意室中之藏，圣也；入先，勇也；出后，义也；知可否，知也；分均，仁也。五者不备而能成大盗者，未之有也。’由是观之，善人不得圣人之道不立，跖不得圣人之道不行。天下之善人少而不善人多，则圣人之利天下也少，而害天下也多。圣人已死，则大盗不起。”庄子此论，盖鉴于周季拘牵名义之弊。所谓道德仁义者，徒为大盗之所利用。故欲去大盗，则必并其所利用者而去之，始为正本清源之道也。

所谓道德仁义者，徒为大盗之所利用。

结论

自尧舜时，始言礼教，历夏及商，至周而大备。其要旨在辨上下，自家庭以至朝庙，皆能少不凌长，贱不凌贵，则相安而无事矣。及其弊也，形式虽存，精神澌灭。强有力者，如田常、盗跖之属，决非礼教所能制。而彼乃转恃礼教以为钳制弱小之具。儒家欲救其弊，务修明礼教，使贵贱同纳于轨范。而道家反对之。以为当时礼法，自束缚人民自由以外，无他效力，不可不决而去之。在老子已有圣人不仁、刍狗万物之说。庄子更大廓其义。举唐、虞以来之政治，诋斥备至，津津于许由北人无择薄天下而不为之流。盖其消极之观察，在悉去政治风俗间种种赏罚毁誉之属，使人人不失其自由，则人各事其所事，各得其所得，而无事乎损人以利己，抑亦无事乎损己以利人，而相忘于善恶之差别矣。其积极之观察，则在世界之无常，人生之如梦，人能向实体世界之观念而进行，则不为此世界生死祸福之所动，而一切忮求恐怖之念皆去，更无所恃于礼教矣。其说在社会方面，近于今日最新之社会主义。在学理方面，近于最新之神道学。其理论多轶出伦理学界，而属于纯粹哲学。兹刺取其有关伦理者，而撮记其概略如右云。

（三）农家

第九章　许行

周季农家之言，传者甚鲜。其有关于伦理学说者，唯许行之道。唯既为新进之徒陈相所传述，而又见于反对派孟子之书，其不尽真相，所不待言，然即此见于孟子之数语而寻绎之，亦有可以窥其学说之梗略者，故推论焉。

周季农家之言，传者甚鲜。其有关于伦理学说者，唯许行之道。

小传

许行，盖楚人。当滕文公时，率其徒数十人至焉。皆衣褐，捆屦织席以为食。

义务权利之平等

商鞅称神农之世，公耕而食，妇织而衣，刑政不用而治。《吕氏春秋》称神农之教曰："士有当年而不耕者，天下或受其饥；女有当年而不织者，天下或受其寒。"盖当农业初兴之时，其事实如此。许行本其事实而演绎以为学说，则为人人各尽其所能，毋或过俭；各取其所需，毋或过丰。故曰："贤者与民并耕而食，饔飧而治。今也滕有仓廪府库，则是厉民而以自养也。”彼与其徒以捆屦织席为业，未尝不明于通功易事之义。至孟子所谓劳心，所谓忧天下，则自许行观之，宁不如无为而治之为愈也。

齐物价

陈相曰：“从许子之道，则市价不二。布帛长短同，麻缕丝絮轻重同，五谷多寡同，屦大小同，则贾皆相若。”盖其意以劳力为物价之根本，而资料则为公有，又专求实用而无取乎纷华靡丽之观，以辨上下而别等夷，故物价以数量相准，而不必问其精粗也。近世社会主义家，慨于工商业之盛兴，野人之麇集城市，为贫富悬绝之原因，则有反对物质文明，而持尚农返朴之说者，亦许行之流也。

结论

许行对于政治界之观念，与庄子同。

许行对于政治界之观念，与庄子同。其称神农，则亦犹道家之称黄帝，不屑齿及于尧舜以后之名教也。其为南方思想之一支甚明。孟子之攻陈相也，曰：“陈良，楚产也。悦周公、仲尼之道，北学于中国，北方之学者，未能或之先也。”又曰：“今也南蛮鴂舌之人，非先王之道，子倍子之师而学之。”是即南北思想不相容之现象也。然其时，南方思潮业已侵入北方，如齐之陈仲子，其主义甚类许行。仲子，齐之世家也。兄戴，盖禄万钟。仲子以兄之禄为不义之禄而不食之，以兄之室为不义之室而不居之，避兄离母，居于於陵，身织屦，妻辟纑，以易粟。孟子曰：“仲子不义，与之齐国而弗受。”又曰：“亡亲戚君臣上下。”其为粹然南方之思想无疑矣。

(四)墨家

第十章　墨子

孔、老二氏,既代表南北思想,而其时又有北方思想之别派崛起,而与儒家言相抗者,是为墨子。韩非子曰:“今之显学,儒墨也。”可以观墨学之势力矣。

孔、老二氏,既代表南北思想,而其时又有北方思想之别派崛起,而与儒家言相抗者,是为墨子。

小传

墨子,名翟,《史记》称为宋大夫。善守御,节用。其年次不详,盖稍后于孔子。庄子称其以绳墨自矫而备世之急。孟子称其摩顶放踵利天下为之。盖持兼爱之说而实行之者也。

盖持兼爱之说而实行之者也。

学说之渊源

宋者,殷之后也。孔子之评殷人曰:“殷人尊神,率民而事神,先鬼而后礼,先罚而后赏。”墨子之明鬼尊天,皆殷人因袭之思想。《汉书·艺文志》谓墨学出于清庙之守,亦其义也。孔子虽殷后,而生长于鲁,专明周礼。墨子仕宋,则依据殷道。是为儒、墨差别之大原因。至墨子节用、节葬诸义,则又兼采夏道。其书尝称道禹之功业,而谓公孟子曰:“子法周而未法夏,子之古非古也。”亦其证也。

弟子

墨子之弟子甚多,其著者,有禽滑釐、随巢、胡非之属。与孟子论争者曰夷之,亦其一也。宋钘非攻,盖亦墨子之支别与?

墨子之弟子甚多,其著者,有禽滑釐、随巢、胡非之属。

>>> 墨子像

有神论

墨子学说，以有神论为基础。《明鬼》一篇，所以述鬼神之种类及性质者至备。其言鬼之不可不明也，曰："三代圣王既没，天下失义，诸侯力正。夫君臣之不惠忠也，父子弟兄之不慈孝弟长贞良也，正长之不强于听治，贱人之不强于从事也。民之为淫暴寇乱盗贼，以兵刃毒药水火退无罪人乎道路率径，夺人车马衣裘以自利者，并作。由此始，是以天下乱。此其故何以然也？则皆以疑惑鬼神之有与无之别，不明乎鬼神之能赏贤而罚暴也。今若使天下之人，借若信鬼神之能赏贤而罚暴也，则夫天下岂乱哉？今执无鬼者曰：'鬼神者固无有。'旦暮以为教诲乎天下之人，疑天下之众，使皆疑惑乎鬼神有无之别，是以天下乱。"然则墨子以罪恶之所由生为无神论，而因以明有神论之必要。是其说不本于宗教之信仰及哲学之思索，而仅为政治若社会应用而设。其说似太浅近，以其《法仪》诸篇推之，墨子盖有见于万物皆神，而天即为其统一者，因自昔崇拜自然之宗教而说之以学理者也。

墨子学说，以有神论为基础。

法天

儒家之尊天也，直以天道为社会之法则，而于天之所以当尊，天道之所以可法，未遑详也。及墨子而始阐明其故，于《法仪》篇详之曰："天下从事者不可以无法仪，无法仪而其事能成者，无有也。虽至士之为将相者皆有法，虽至百工从事者亦皆有法。百工为方以矩，为圆以规，直以绳，正以县，无巧工不巧工，皆以此五者为法。巧者能中之；不巧者虽不能中，放依以从事，犹逾己。故百工从事皆有法所度。今大者治天下，其次治大国，而无法所度，此不若百工辩也。"然则吾人之所可以为法者何在？墨子曰："当皆法其

儒家之尊天也，直以天道为社会之法则，而于天之所以当尊，天道之所以可法，未遑详也。

父母奚若？天下之为父母者众，而仁者寡，若皆法其父母，此法不仁也。当皆法其学奚若？天下之为学者众，而仁者寡，若皆法其学，此法不仁也。当皆法其君奚若？天下之为君者众，而仁者寡。若皆法其君，此法不仁也。法不仁不可以为法。”夫父母者，彝伦之基本；学者，知识之原泉；君者，于现实界有绝对之威力。然而均不免于不仁，而不可以为法。盖既在此相对世界中，势不能有保其绝对之尊严者也。而吾人所法，要非有全知全能永保其绝对之尊严，而不与时地为推移者，不足以当之，然则非天而谁？故曰：“莫若法天。天之行广而无私，其施厚而不德，其明久而不衰，故圣王法之。既以天为法，动作有为，必度于天。天之所欲则为之，天所不欲则止。”由是观之，墨子之于天，直以神灵视之，而不仅如儒家之视为理法矣。

夫父母者，彝伦之基本；学者，知识之原泉；君者，于现实界有绝对之威力。

天之爱人利人

人以天为法，则天意之好恶，即以决吾人之行止。夫天意果何在乎？墨子则承前文而言之曰：“天何欲何恶？天必欲人之相爱相利，而不欲人之相恶相贼也。奚以知之？以其兼而爱之、兼而利之也。奚以知其兼爱之而兼利之？以其兼而有之、兼而食之也。今天下无大小国，皆天之邑也。人无幼长贵贱，皆天之臣也。此以莫不刍牛羊豢犬猪，絜为酒醴粢盛以敬事天，此不为兼而有之、兼而食之耶？天苟兼而有之食之，夫奚说以不欲人之相爱相利也。故曰：爱人利人者，天必福之；恶人贼人者，天必祸之。曰杀不辜者，得不祥焉。夫奚说人为其相杀而天与祸乎？是以知天欲人相爱相利，而不欲人相恶相贼也。”

人以天为法，则天意之好恶，即以决吾人之行止。

道德之法则

天之意在爱与利，则道德之法则，亦不得不然。墨子者，以爱与利为结合而不可离者也。故爱之本原，在近世伦理学家，谓其起于自爱，即起于自保其生之观念。而墨子之所见则不然。

天之意在爱与利，则道德之法则，亦不得不然。

兼爱

自爱之爱，与憎相对。充其量，不免至于屈人以伸己。于是互相冲突，而社会之纷乱由是起焉。故以济世为的者，不可不扩充为绝对之爱。绝对之爱，兼爱也，天意也。故曰："盗爱其室，不爱异室，故窃异室以利其室。贼爱其身，不爱人，故贼人以利其身。此何也？皆由不相爱。虽至大夫之相乱家，诸侯之相攻国者，亦然。大夫各爱其家，不爱异家，故乱异家以利其家。诸侯各爱其国，不爱异国，故攻异国以利其国。天下之乱物，具此而已矣。察此何自起，皆起不相爱。若使天下兼相爱，则国与国不相攻，家与家不相乱，盗贼无有，君臣父子皆能孝慈。若此则天下治。"

绝对之爱，兼爱也，天意也。

兼爱与别爱之利害

墨子既揭兼爱之原理，则又举兼爱、别爱之利害以证成之。曰："交别者，生天下之大害；交兼者，生天下之大利。是故别非也，兼是也。"又曰："有二士于此，其一执别，其一执兼。别士之言曰：'吾岂能为吾友之身若为吾身，为吾友之亲若为吾亲。'是故退睹其友，饥则不食，寒则不衣，疾病不侍养，死丧不葬埋。别士之言若此，行若此。兼士之言不然，行亦不然。曰：'吾闻为高士于天下者，必为其友之身若为其身，为其友之亲若为其亲。'是故退睹其友，饥则食之，寒则衣之，疾病侍养之，死丧葬埋之。兼士之言若

墨子既揭兼爱之原理，则又举兼爱、别爱之利害以证成之。

此，行若此。”墨子又推之而为别君、兼君之事，其义略同。

行兼爱之道

兼爱之道，何由而能实行乎？

兼爱之道，何由而能实行乎？墨子之所揭与儒家所言之忠恕同。曰：“视人之国如其国，视人之家如其家，视人之身如其身。”

利与爱

爱者，道德之精神也，行为之动机也，而吾人之行为，不可不预期其效果。

爱者，道德之精神也，行为之动机也，而吾人之行为，不可不预期其效果。墨子则以利为道德之本质，于是其兼爱主义，同时为功利主义。其言曰：“天者，兼爱之而兼利之。天之利人也，大于人之自利者。”又曰：“天之爱人也，视圣人之爱人也薄；而其利人也，视圣人之利人也厚。大人之爱人也，视小人之爱人也薄；而其利人也，视小人之利人也厚。”其意以为道德者，必以利达其爱，若厚爱而薄利，则与薄于爱无异焉。此墨子之功利论也。

兼爱之调摄

兼爱者，社会固结之本质。

兼爱者，社会固结之本质。然社会间人与人之关系，尝于不知不觉间，生亲疏之别。故孟子至以墨子之爱无差别为无父，以为兼爱之义，与亲疏之等不相容也。然如墨子之义，则两者并无所谓矛盾。其言曰：“孝子之为亲度者，亦欲人之爱利其亲与？意欲人之恶贼其亲与？既欲人之爱利其亲也，则吾恶先从事，即得此，即必我先从事乎爱利人之亲，然后人报我以爱利吾亲也。诗曰：‘无言而不仇，无德而不报，投我以桃，报之以李。’即此言爱人者必见爱，而恶人者必见恶也。”然则爱人之亲，正所以爱己之亲，岂得谓之无父耶？且墨子之对公输子也，曰：“我钩之以爱，揣之以恭，弗钩以爱则不亲，弗揣以恭而速狎，狎而不亲，则速离。故交相爱，交相恭，犹若相利也。”然则墨子之兼爱，固自有其调摄之道矣。

勤俭

墨子欲达其兼爱之主义，则不可不务去争夺之原。争夺之原，恒在匮乏。匮乏之原，在于奢惰。故为《节用》篇以纠奢，而为非命说以明人事之当尽。又以厚葬久丧，与勤俭相违，特设《节葬》篇以纠之。而墨子及其弟子，则洵能实行其主义者也。

非攻

言兼爱则必非攻。然墨子非攻而不非守，故有《备城门》、《备高临》诸篇，非如孟子所谓修其孝弟忠信，则可制梃而挞甲兵者也。

言兼爱则必非攻。

结论

墨子兼爱而法天，颇近于西方之基督教。其明鬼而节葬，亦含有尊灵魂、贱体魄之意。墨家巨子，有杀身以殉学者，亦颇类基督。然墨子，科学家也，实利家也。其所言名数质力诸理，多合于近世科学。其论证，则多用归纳法。按切人事，依据历史，其《尚同》、《尚贤》诸篇，则在得明天子及诸贤士大夫以统一各国之政俗，而泯其争。此皆其异于宗教家者也。墨子偏尚质实，而不知美术有陶养性情之作用，故非乐，是其蔽也。其兼爱主义，则无可非者。孟子斥为无父，则门户之见而已。

其兼爱主义，则无可非者。

(五)法家

周之季世,北有孔孟,南有老庄,截然两方思潮循时势而发展。而墨家毗于北,农家毗于南,如骖之靳焉。

韩非子实集其大成。

周之季世,北有孔孟,南有老庄,截然两方思潮循时势而发展。而墨家毗于北,农家毗于南,如骖之靳焉。然此两方思潮,虽簧鼓一世,而当时君相,方力征经营,以富强其国为鹄的,则于此两派,皆以为迂阔不切事情,而摈斥之。是时有折衷南北学派,而洋洋然流演其中部之思潮,以应世用者,法家也。法家之言,以道为体,以儒为用。韩非子实集其大成。而其源则滥觞于孔老学说未立以前之政治家,是为管子。

第十一章 管子

小传

管子,名夷吾,字仲,齐之颍上人。相齐桓公,通货积财,与俗同好恶,齐以富强,遂霸诸侯焉。

著书

管子所著书,汉世尚存八十六篇,今又亡其十篇。其书多杂以后学之所述,不尽出于管氏也。多言政治及理财,其关于伦理学原则者如下。

管子学说,所以不同于儒家者,历史地理,皆与有其影响。

学说之起原

管子学说,所以不同于儒家者,历史地理,皆与有其影响。周之兴也,武王有乱臣十人,而以周公旦、太公望为首选。周公守圣

>>> 管子像

贤之态度，好古尚文，以道德为政治之本。太公挟豪杰作用，长法兵，用权谋。故周公封鲁，太公封齐，而齐、鲁两国之政俗，大有径庭。《史记》曰："太公之就国也，道宿行迟，逆旅人曰：'吾闻之时难得而易失，客寝甚安，殆非就国者也。'太公闻之，夜衣而行，黎明至国。莱侯来伐，争营邱。太公至国，修政，因其俗，简其礼，通工商之业，便鱼盐之利，人民多归之，五月而报政。周公曰：'何疾也？'曰：'吾简君臣之礼，而从其俗之为也。'鲁公伯禽，受封之鲁，三年而后报政。周公曰：'何迟也？'伯禽曰：'变其俗，革其礼，丧三年而除之，故迟。'周公叹曰：'呜呼！鲁其北面事齐矣。'"鲁以亲亲上恩为施政之主义，齐以尊贤上功为立法之精神，历史传演，学者不能不受其影响。是以鲁国学者持道德说，而齐国学者持功利说。而齐为东方鱼盐之国，是时吴、楚二国，尚被摈为蛮夷。中国富源，齐而已。管子学说之行于齐，岂偶然耶！

是以鲁国学者持道德说，而齐国学者持功利说。

理想之国家

有维持社会之观念者，必设一理想之国家以为鹄。如孔子以尧舜为至治之主，老庄则神游于黄帝以前之神话时代是也。而管子之所谓至治，则曰："人人相和睦，少相居，长相游，祭祀相福，死哀相恤，居处相乐，入则务本疾作以满仓廪，出则尽节死敌以安社稷，坟然如一父之儿，一家之实。"盖纯然以固结其人民使不愧为国家之分子者也。

有维持社会之观念者，必设一理想之国家以为鹄。

道德与生计之关系

欲固结其人民奈何？曰养其道德。然管子之意，以为人民之所以不道德，非徒失教之故，而物质之匮乏，实为其大原因。欲教之，必先富之。故曰："仓廪实而知礼节，衣食足而知荣辱。"又曰："治国之道，必先富民。民富易治，民贫难治。何以知其然也？民富则安乡重家，而敬上畏罪，故易治。民贫则反之，故难治。故治国常富，而乱国常贫。"

上下之义务

管子以人民实行道德之难易，视其生计之丰歉。故言为政者务富其民，而为民者务勤其职。曰："农有常业，女有常事，一夫不耕，或受之饥；一妇不织，或受之寒。"此其所揭之第一义务也。由是而进以道德。其所谓重要之道德，曰礼义廉耻，谓为国之四维。管子盖注意于人心就恶之趋势，故所揭者，皆消、极之道德也。

管子以人民实行道德之难易，视其生计之丰歉。

结论

管子之书，于道德起原及其实行之方法，均未遑及。然其所抉道德与生计之关系，则于伦理学界有重大之价值者也。

管子以后之中部思潮

管子之说，以生计为先河，以法治为保障，而后有以杜人民不道德之习惯，而不致贻害于国家，纯然功利主义也。其后又分为数派，亦颇受影响于地理云。

管子之说，以生计为先河，以法治为保障，而后有以杜人民不道德之习惯，而不致贻害于国家，纯然功利主义也。

（一）为儒家之政治论所援引，而与北方思想结合者，如孟子虽鄙夷管子，而袭其道德生计相关之说。荀子之法治主义，亦宗之。其最著者为尸佼，其言曰："义必利，虽桀纣犹知义之必利也。"尸子鲁人，尝为商鞅师。

（二）纯然中部思潮，循管子之主义，随时势而发展，李悝之于魏，商鞅之于秦，是也。李悝尽地力，商鞅励农战，皆以富强为的，破周代好古右文之习惯者也，而商君以法律为全能，法家之名，由是立。且其思想历三晋而衍于西方。

（三）与南方思想接触，而化合于道家之说者，申不害之徒也。其主义君无为而臣务功利，是为术家。申子郑之遗臣，而仕于韩。郑与楚邻也。

当是时也，既以中部之思想为调人，而一合于北、一合于南矣。及战国之末，韩非子遂合三部之思潮而统一之。而周季思想家之运动，遂以是为归宿也。

而周季思想家之运动，遂以是为归宿也。

尸子、申子，其书既佚，唯商君、韩非子之书具存。虽多言政治，而颇有伦理学说可以推阐，故具论之。

第十二章　商君

小传

商君氏公孙，名鞅，受封于商，故号曰商君。君本卫庶公子，少好刑名之学。闻秦孝公求贤，西行，以强国之术说之，大得信任。定变法之令，重农战，抑亲贵，秦以富强。孝公卒，有谗君者，君被磔以死。秦袭君政策，卒并六国。君所著书凡二十五篇。

革新主义

管子，持通变主义者也。

管子，持通变主义者也。其于周制虽不屑屑因袭，而未尝大有所摧廓。其时周室虽衰，民志犹未漓也。及战国时代，时局大变，新说迭出。商君承管子之学说，遂一进而为革新主义。其言曰："前

>>> 商鞅像

世不同教，何古是法？帝王不相复，何礼是循？伏羲神农，不教而诛。黄帝尧舜，诛而不怒。至于文武，各当时而立法，因事而制礼，礼法以时定，制令顺其宜，兵甲器备，各供其用。”故曰：“治世者不二道，便国者不必古。汤武之王也，不循古而兴。商夏之亡也，不易礼而亡。”然则反古者未必非，而循礼者未足多，是也。又其驳甘龙之言曰：“常人安于故俗，学者溺于所闻，两者以之居官守法可也，非所与论于法之外也。三代不同礼而王，五霸不同法而霸。智者作法，愚者制焉。贤者定法，不肖者拘焉。”商君之果断如此，实为当日思想革命之巨子。固不为时势所驱迫，而要之非有超人之特性者，不足以语此也。

旧道德之排斥

商君之革新主义，以国家为主体，即以人民对于国家之公德为无上之道德。

周末文胜，凡古人所标揭为道德者，类皆名存实亡，为干禄舞文之具，如庄子所谓儒以诗礼破家者是也。商君之革新主义，以国家为主体，即以人民对于国家之公德为无上之道德。而凡袭私德之名号，以间接致害于国家者，皆竭力排斥之。故曰：“有礼，有乐，有诗，有书，有善，有修，有孝，有悌，有廉，有辨，有是十者，其国必削而至亡。”其言虽若过激，然当日虚诬吊诡之道德，非摧陷而廓清之，诚不足以有为也。

重刑

商君者，以人类为唯有营私背公之性质，非以国家无上之威权，逆其性而迫压之，则不能一其心力以集合为国家。故务在以刑齐民，而以赏为刑之附庸。曰：“刑者，所以禁夺也。赏者，所以助禁也。故重罚轻赏，则上爱民而下为君死。反之，重赏而轻罚，则上不爱民，而下不为君死。故王者刑九而赏一，强国刑七而赏三，削国刑五而赏亦五。”商君之理想既如此，而假手于秦以实行之，不稍宽假。临渭而论刑，水为之赤。司马迁评为天资刻薄，谅哉。

商君之理想既如此，而假手于秦以实行之，不稍宽假。

尚信

商君言国家之治，在法、信、权三者。而其言普通社会之制裁，则唯信。秉政之始，尝悬赏徙木以示信，亦其见端也。盖彼既不认私人有自由行动之余地，而唯以服从于团体之制裁为义务，则舍信以外，无所谓根本之道德矣。

结论

商君，政治家也，其主义在以国家之威权裁制各人。故其言道德也，专尚公德，以为法律之补助，而持之已甚，几不留各人自由之余地。又其观察人性，专以趋恶之一方面为断，故尚刑而非乐，与管子之所谓令顺民心者相反。此则其天资刻薄之结果，而所以不免为道德界之罪人也。

故其言道德也，专尚公德，以为法律之补助，而持之已甚，几不留各人自由之余地。

第十三章　韩非子

小传

韩非，韩之庶公子也。喜刑名法术之学。尝与李斯同学于荀卿，斯自以为不如也。韩非子见韩之削弱，屡上书韩王，不见用。使于秦，遂以策干始皇，始皇欲大用之，为李斯所谗，下狱，遂自杀。其所著书凡五十五篇，曰《韩子》。自宋以后，始加“非”字，以别于韩愈云。方始皇未见韩非子时，尝读其书而慕之。李斯为其同学而相秦，故非虽死，而其学说实大行于秦焉。

学说之大纲

韩非子者，集周季学者三大思潮之大成者也。

韩非子者，集周季学者三大思潮之大成者也。其学说，以中部思潮之法治主义为中坚。严刑必罚，本于商君。其言君主尚无为，而不使臣下得窥其端倪，则本于南方思潮。其言君主自制法律，登进贤能，以治国家，则又受北方思潮之影响者。自孟、荀、尸、申后，三部思潮，已有互相吸引之势。韩非子生于韩，闻申不害之风，而又学于荀卿，其刻核之性质，又与商君相近。遂以中部思潮为根据，又甄择南北两派，取其足以应时势之急，为法治主义之助，而无相矛盾者，陶铸辟灌，成一家言。盖根于性癖，演于师承，而又受历史地理之影响者也。呜呼，岂偶然者！

性恶论

韩非子承荀、商之说，而以历史之事实证明之。

荀子言性恶，而商君之观察人性也，亦然。韩非子承荀、商之说，而以历史之事实证明之。曰："人主之患在信人。信人者，被制于人。人臣之于其君也，非有骨肉之亲也，缚于势而不得不事之耳。故人臣者，窥觇其君之心，无须臾之休，而人主乃怠傲以处其上，此世之所以有劫君弑主也。人主太信其子，则奸臣得乘子以成其私，故李兑傅赵王，而饿主父。人主太信其妻，则奸臣得乘妻以成其利，故优施傅骊姬而杀申生，立奚齐。夫以妻之近，子之亲，犹不可信，则其余尚可信乎？如是，则信者，祸之基也。其故何哉？曰：王良爱马，为其驰也。越王勾践爱人，为其战也。医者善吮人之伤，含人之血，非骨肉之亲也，驱于利也。故舆人成舆，欲人之富贵；匠人成棺，欲人之夭死；非舆人仁而匠人贼也。人不贵则舆不售，人不死则棺不买，情非憎人也，利在人之死也。故后妃夫人太子之党成，而欲君之死，君不死则势不重。情非憎君也，利在君之死也。故人君不可不加心于利己之死者。”

威势

人之自利也，循物竞争存之运会而发展，其势力之盛，无与敌者。同情诚道德之根本，而人群进化，未臻至善，欲恃道德以为成立社会之要素，辄不免为自利之风潮所摧荡。韩非子有见于此，故公言道德之无效，而以威势代之。故曰：“母之爱子也，倍于父，而父令之行于子也十于母。吏之于民也无爱，而其令之行于民也万于父母。父母积爱而令穷，吏用威严而民听，严爱之策可决矣。”又曰：“我以此知威势之足以禁暴，而德行之不足以止乱也。”又举事例以证之，曰：“流涕而不欲刑者，仁也。然而不可不刑者，法也。先王屈于法而不听其泣，则仁之不足以为治明也。且民服势而不服义。仲尼，圣人也，以天下之大，而服从之者仅七十人。鲁哀公，下主也，南面为君，而境内之民无不敢不臣者。今为说者，不知乘势，而务行仁义，而欲使人主为仲尼也。”

韩非子有见于此，故公言道德之无效，而以威势代之。

法律

虽然，威势者，非人主官吏滥用其强权之谓，而根本于法律者也。韩非子之所谓法，即荀卿之礼而加以偏重刑罚之义，其制定之权在人主。而法律既定，则虽人主亦不能以意出入之。故曰：“绳直则枉木斫，准平则高科削，权衡悬则轻重平。释法术而心治，虽尧不能正一国；去规矩而度以妄意，则奚仲不能成一轮。”又曰：

而法律既定，则虽人主亦不能以意出入之。

“明主一于法而不求智。”

变通主义

荀卿之言礼也，曰法后王。（法后王即立新法，非如杨氏旧注以后王为文武也。）商君亦力言变法，韩非子承之。故曰：“上古之世，民不能作家，有圣人教之造巢，以避群害，民喜而以为王。其后有圣人，教民火食。降至中古，天下大水，而鲧禹决渎。桀纣暴乱，而汤武征伐。今有构木钻燧于夏后氏之世者，必为鲧禹笑。有决渎于殷商之世者，必为汤武笑矣。”又曰：“宋人耕田，田中有株，兔走而触株，折颈而死。其人遂舍耕而守株，期复得兔，兔不可复得，而身为宋国笑。”然则韩非子之所谓法，在明主循时势之需要而制定之，不可以泥古也。

然则韩非子之所谓法，在明主循时势之需要而制定之，不可以泥古也。

重刑罚

商君、荀子皆主重刑，韩非子承之。

商君、荀子皆主重刑，韩非子承之。曰：“人不恃其身为善，而用其不得为非，待人之自为善，境内不什数，使之不得为非，则一国可齐而治。夫必待自直之箭，则百世无箭。必待自圆之木，则千岁无轮。而世皆乘车射禽者，何耶？用檃括之道也。虽有不待檃括而自直之箭，自圆之木，良工不贵也。何则？乘者非一人，射者非一发也。不待赏罚而恃自善之民，明君不贵也。有术之君，不随适然之善，而行必然之道。罚者，必然之道也。”且韩非子不特尚刑罚而已，而又尚重刑。其言曰：“殷法刑弃灰于道者，断其手。子贡以为酷，问之仲尼，仲尼曰：‘是知治道者也。夫弃灰于街，必掩人，掩人则人必怒，怒则必斗，斗则三族相灭，是残三族之道也，虽刑之可也。’且夫重罚者，人之所恶，而无弃灰，人之所易，使行其易者而无离于恶，治道也。”彼又言重刑一人，而得使众人无陷于恶，不失为仁。故曰：“与之刑者，非所以恶民，而爱之本也。刑者，爱之首也。刑重则民静，然愚人不知，而以为暴。愚者固欲治，而恶其所以治者；皆恶危，而贵其所以危者。”

君主以外无自由

韩非子以君主为有绝对之自由，故曰：“君不能禁下而自禁者曰劫，君不能节下而自节者曰乱。”至于君主以下，则一切人民，凡不范于法令之自由，皆严禁之。故伯夷、叔齐，世颂其高义者也。而韩非子则曰：“如此臣者，不畏重诛，不利重赏，无益之臣也。”恬淡者，世之所引重也，而韩非子则以为可杀。曰：“彼不事天子，不友诸侯，不求人，亦不从人之求，是不可以赏罚劝禁者也。如无益之马，驱之不前，却之不止，左之不左，右之不右，如此者，不令之民也。”

故伯夷、叔齐，世颂其高义者也。

以法律统一名誉

韩非子既不认人民于法律以外有自由之余地，于是自服从法律以外，亦无名誉之余地。故曰：“世之不治者，非下之罪，而上失其道也。贵其所以乱，而贱其所以治。是故下之所欲，常相诡于上之所以为治。夫上令而纯信，谓为窭。守法而不变，谓之愚。畏罪者谓之怯。听吏者谓之陋。寡闻从令，完法之民也，世少之，谓之朴陋之民。力作而食，生利之民也，世少之，谓之寡能之民。重令畏事，尊上之民也，世少之，谓之怯慑之民。此贱守法而为善者也。反之而令有不听从，谓之勇。重厚自尊，谓之长者。行乖于世，谓之大人。贱爵禄不挠于上者，谓之杰士。是以乱法为高也。”又曰：“父

韩非子既不认人民于法律以外有自由之余地，于是自服从法律以外，亦无名誉之余地。

盗而子诉之官，官以其忠君曲父而杀之。由是观之，君之直臣者，父之暴子也。”又曰：“汤武者，反君臣之义，乱后世之教者也。汤武，人臣也，弑其父而天下誉之。”然则韩非子之意，君主者，必举臣民之思想自由、言论自由而一切摧绝之者也。

然则韩非子之意，君主者，必举臣民之思想自由、言论自由而一切摧绝之者也。

排慈惠

韩非子本其重农尚战之政策，信赏必罚之作用，而演绎之，则慈善事业，不得不排斥。故曰：“施与贫困者，此世之所谓仁义也。哀怜百姓不忍诛罚者，此世之所谓惠爱也。夫施与贫困，则功将何赏？不忍诛罚，则暴将何止？故天灾饥馑，不敢救之。何则？有功与无功同赏，夺力俭而与无功无能，不正义也。”

结论

韩非子袭商君之主义，而益详明其条理。其于儒家、道家之思想，虽稍稍有所采撷，然皆得其粗而遗其精。故韩非子者，虽有总揽三大思潮之观，而实商君之嫡系也。法律实以道德为根原，而彼乃以法律统摄道德，不复留有余地；且于人类所以集合社会，所以发生道理法律之理，漠不加察，乃以君主为法律道德之创造者。故其揭明公德，虽足以救儒家之弊，而自君主以外，无所谓自由。且为君主者以术驭吏，以刑齐民，日以心斗，以为社会谋旦夕之平和。然外界之平和，虽若可以强制，而内界之俶扰益甚。秦用其说，而民不聊生，所谓万能之君主，亦卒无以自全其身家，非偶然也。故韩非子之说，虽有可取，而其根本主义，则直不容于伦理界者也。

>>> 韩非子像

第一期结论

吾族之始建国也，以家族为模型。

吾族之始建国也，以家族为模型。又以其一族之文明，同化异族，故一国犹一家也。一家之中，父兄更事多，常能以其所经验者指导子弟。一国之中，政府任事专，故亦能以其所经验者指导人民。父兄之责，在躬行道德以范子弟，而著其条目于家教，子弟有不帅教者责之。政府之责，在躬行道德，以范人民，而著其条目于礼，人民有不帅教者罚之。（孔子所谓道之以德、齐之以礼是也。古者未有道德法律之界说，凡条举件系者皆以礼名之。至《礼记》所谓礼不下庶人，则别一义也。）故政府犹父兄也，（唯父兄不德，子弟唯怨慕而已，如舜之号泣于旻天是也。政府不德，则人民得别有所拥戴以代之，如汤武之革命是也。然此皆变例。）人民常抱有禀承道德于政府之观念。而政府之所谓道德，虽推本自然教，近于动机论之理想，而所谓天命有礼，天讨有罪，则实毗于功利论也。当虞夏之世，天灾流行，实业未兴，政府不得不偏重功利。其时所揭者，曰正德利用厚生。利用厚生者，勤俭之德；正德者，中庸之德也（如皋陶所言之九德是也）。洎乎周代，家给人足，人类公性，不能以体魄之快乐自餍，恒欲进而求精神之幸福。周公承之，制礼作乐。礼之用方以智，乐之用圆而神。右文增美，尚礼让，斥奔竞。其建都于洛也，曰：使有德者易以兴，无德者易以亡，其尚公如此。盖于不知不识间，循时势之推移，偏毗于动机论，而排斥功利论矣。

然此皆历史中递嬗之事实，而未立为学说也。

然此皆历史中递嬗之事实，而未立为学说也。管子鉴周治之弊而矫之，始立功利论。然其所谓下令如流水之原，令顺民心，则参以动机论者也。老子苦礼法之拘，而言大道，始立动机论。而其所持柔弱胜刚强之见，则犹未能脱功利论之范围也。商君、韩非子承管子之说，而立纯粹之功利论。庄子承老子之说，而立纯粹之动机论。是为周代伦理学界之大革命家。唯商、韩之功利论，偏重刑罚，仅有消极之作用。而政府万能，压束人民，不近人情，尤不合于我族历史所孳生之心理。故其说不能久行，而唯野心之政治家阴利用之。庄子之动机论，几超绝物质世界，而专求精神之幸福。非举当日一切家族社会国家之组织而悉改造之，不足以普及其学说，尤与吾族父兄政府之观念相冲突。故其说不特恒为政治家所排斥，而亦无以得普通人之信仰，唯遁世之士颇寻味之。（汉之政治家言黄老、不言老庄以此。）其时学说，循历史之流委而组织之者，唯儒、墨二家。唯墨子绍述夏商，以挽周弊，其兼爱主义，虽可以质之百世而不惑，而其理论，则专以果效为言，纯然功利论之范围。又以鬼神之祸福胁诱之，于人类所以互相爱利之故，未之详也。而维循当日社会之组织，使人之克勤克俭，互相协助，以各保其生命，而亦不必有陶淑性情之作用。此必非文化已进之民族所能堪，故其说唯平凡之慈善家颇宗尚之。（如汉之《太上感应》篇，虽托于神仙家，而实为墨学。明人所传之《阴骘篇》、《功过格》等，皆其流也。）唯儒家之言，本周公遗意，而兼采唐虞夏商之古义以调燮之。理论实践，无在而不用折衷主义：推本性道，以励志士，先制恒产，乃教凡民，此折衷于动机论与功利论之间者也。以礼节奢，以乐易俗，此折衷于文质之间者也。子为父隐，而吏不挠法，（如孟子言舜为天子，而瞽瞍杀人，则皋陶执之，舜亦不得而禁之。）此折衷于公德私德之间者也。人民之道德，禀承于政府，而政府之变置，则又标准于民心，此折衷于政府人民之间者也。敬恭祭祀而不言神怪，此折衷于人鬼之间者也。虽其哲学之闳深，不及道家；法理之精核，不及法家；人类平等之观念，不及墨家。又其所谓折衷主

其时学说，循历史之流委而组织之者，唯儒、墨二家。

义者，不以至精之名学为基本，时不免有依违背施之迹，故不免为近世学者所攻击。然周之季世，吾族承唐虞以来二千年之进化，而凝结以为社会心理者，实以此种观念为大多数。此其学说所以虽小挫于秦，而自汉以后，卒为吾族伦理界不祧之宗，以至于今日也。

此其学说所以虽小挫于秦，而自汉以后，卒为吾族伦理界不祧之宗，以至于今日也。

第二期——汉唐继承时代

道、释二家，虽皆占宗教之地位，而其理论方面，范围于哲学。其实践方面，则辟谷之方，出家之法，仅为少数人所信从。而其他送死之仪，祈祷之式，虽窜入于儒家礼法之中，然亦有增附而无冲突。故在此时期，虽确立三教并存之基础，而普通社会之伦理学，则犹是儒家言焉。

第一章　总说

汉唐间之学风

周季，处士横议，百家并兴，焚于秦，罢黜于汉，诸子之学说熸矣。儒术为汉所尊，而治经者收拾烬余，治故训不暇给。魏晋以降，又遭乱离，学者偷生其间，无远志，循时势所趋，为经儒，为文苑，或浅尝印度新思想，为清谈。唐兴，以科举之招，尤群趋于文苑。以伦理学言之，在此时期，学风最为颓靡。其能立一家言、占价值于伦理学界者无几焉。

以伦理学言之，在此时期，学风最为颓靡。

儒教之托始

儒家言，纯然哲学家、政治家也。自汉武帝表章之，其后郡国立孔子庙，岁时致祭。学说有背孔子者，得以非圣无法罪之。于是儒家具有宗教之形式。汉儒以灾异之说，符谶之文，糅入经义。于是儒家言亦含有宗教之性质。是为后世儒教之名所自起。

是为后世儒教之名所自起。

道教之托始

道家言,纯然哲学家也。自周季,燕齐方士,本上古巫医杂糅之遗俗,而创为神仙家言,以道家有全性葆真之说,则援傅之以为理论。汉武罢黜百家,而独好神仙。则道家言益不得不寄生于神仙家以自全。于是演而为服食,浸而为符箓,而道教遂具宗教之形式,后世有道教之名焉。

于是演而为服食,浸而为符箓,而道教遂具宗教之形式,后世有道教之名焉。

佛教之流入

汉儒治经,疲于故训,不足以餍颖达之士;儒家大义,经新莽曹魏之依托,而使人怀疑。重以汉世外戚宦寺之祸,正直之士,多遭惨祸,而汉季人民,酷罹兵燹,激而生厌世之念。是时,适有佛教流入,其哲理契合老庄,而尤为邃博,足以餍思想家。其人生观有三世应报诸说,足以慰藉不聊生之民。其大乘义,有体象同界之说,又无忤于服从儒教之社会。故其教遂能以种种形式,流布于我国。虽有墟寺杀僧之暴主,庐居火书之建议,而不能灭焉。

是时,适有佛教流入,其哲理契合老庄,而尤为邃博,足以餍思想家。

三教并存而儒教终为伦理学正宗

道、释二家,虽皆占宗教之地位,而其理论方面,范围于哲学。其实践方面,则辟谷之方,出家之法,仅为少数人所信从。而其他送死之仪,祈祷之式,虽窜入于儒家礼法之中,然亦有增附而无冲突。故在此时期,虽确立三教并存之基础,而普通社会之伦理学,则犹是儒家言焉。

>>> 释迦牟尼像

第二章　淮南子

汉初惩秦之败，而治尚黄老，是为中部思想之反动，而倾于南方思想。其时叔孙通采秦法，制朝仪。贾谊、晁错治法家，言治道。虽稍稍绎中部思潮之坠绪，其言多依违儒术，适足为武帝时独尊儒术之先驱。武帝以后，中部思潮，潜伏于北方思潮之中，而无可标揭。南部思潮，则萧然自处于政治界之外，而以其哲理调和于北方思想焉。汉宗室中，河间献王，王于北方，修经术，为北方思想之代表。而淮南王安王于南方，著书言道德及神仙黄白之术，为南方思想之代表焉。

汉初惩秦之败，而治尚黄老，是为中部思想之反动，而倾于南方思想。

小传

淮南王安，淮南王长之子也。长为文帝弟，以不轨失国，夭死。文帝三分其故地，以王其三子，而安为淮南王。安既之国，行阴德，拊循百姓，招致宾客方术之士数千人，以流名誉。景帝时，与于七国之乱，及败，遂自杀。

著书

安尝使其客苏飞、李尚、左吴、田由、雷被、毛被、晋昌等八人，及诸儒大山小山之徒，讲论道德。为内书二十一篇，为外书若干卷，又别为中篇八卷，言神仙黄白之术，亦二十余万言。其内书号曰“鸿烈”。高诱曰：“鸿者大也，烈者明也，所以明大道也。”刘向校定之，名为《淮南内篇》，亦名《刘安子》。而其外书及中篇皆不传。

刘向校定之，名为《淮南内篇》，亦名《刘安子》。

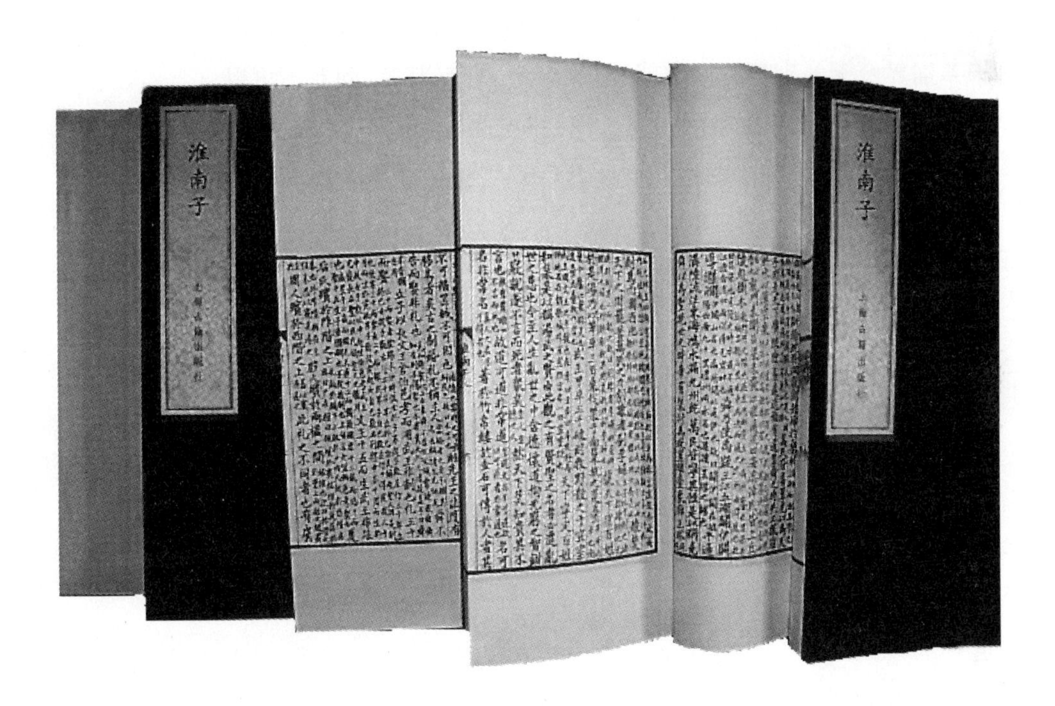

>>> 《淮南子》线装本

南北思想之调和

南北两思潮之大差别，在北人偏于实际，务证明政治道德之应用，南人偏于理想，好以世界观演绎为人生观之理论，皆不措意于差别界及无差别界之区畔，故常滋聚讼。苟循其本，固非不可以调和者。周之季，尝以中部思潮为绍介，而调和于应用一方面。及汉世，则又有于理论方面调和之者，淮南子、扬雄是也。淮南子有见于老庄哲学专论宇宙本体，而略于研究人性，故特揭性以为教学之中心，而谓发达其性，可以达到绝对界。此以南方思想为根据，而辅之以北方思想者也。扬雄有见于儒者之言虽本现象变化之规则，而推演之于人事，而于宇宙之本体，未遑研究，故撷取老庄哲学之宇宙观，以说明人性之所自。此以北方思想为根据，而辅之以南方思想者也。二者，取径不同，而其为南北思想理论界之调人，则一也。

及汉世，则又有于理论方面调和之者，淮南子、扬雄是也。

道

淮南子以道为宇宙之代表，本于老庄；而以道为能调摄万有包含天则，则本于北方思想。其于本体、现象之间，差别界、无差别界之限，亦稍发其端倪。故于《原道训》言之曰："夫道者，覆天载地，廓四方，柝八极，高不可际，深不可测，包裹天地，禀授无形，虚流泉浡，冲而徐盈，混混滑滑，浊而徐清。故植之而塞天地，横之而弥四海，施之无穷而无朝夕，舒之而幎六合，卷之而不盈一握。约而能张，幽而能明，弱而能强，柔而能刚。横四维，含阴阳，纮宇宙，章三光。甚淖而滒，甚纤而微。山以之高，渊以之深，兽以之走，鸟以之飞，日月以之明，星历以之行，麟以之游，凤以之翔。泰古二皇，得道之柄，立于中央，神与化游，以抚四方。"虽然，道之作用，

其于本体、现象之间，差别界、无差别界之限，亦稍发其端倪。

主于结合万有，而一切现象，为万物任意之运动，则皆消极者，而非积极者。故曰："夫有经纪条贯，得一之道，而连千枝万叶，是故贵有以行令，贱有以忘卑，贫有以乐业，困有以处危。所以然者何耶？无他，道之本体，虚静而均，使万物复归于同一之状态者也。"故曰："太上之道，生万物而不有，成化象而不宰，跂行喙息，蠉飞蠕动，待之而后生，而不之知德，待之而后死，而不之能怨。得以利而不能誉，用以败而不能非。收聚畜积而不加富，布施禀授而不益贫。旋县而不可究，纤微而不可勤，累之而不高，堕之而不下，虽益之而不众，虽损之而不寡，虽斫之而不薄，虽杀之而不残，虽凿之而不深，虽填之而不浅。忽兮怳兮，不可为象。怳兮忽兮，用而不屈。幽兮冥兮，应于无形。遂兮洞兮，虚而不动。卷归刚柔，俯仰阴阳。"

性

道既虚净，人之性何独不然，所以扰之使不得虚静者，知也。虚静者天然，而知则人为也。

道既虚净，人之性何独不然，所以扰之使不得虚静者，知也。虚静者天然，而知则人为也。故曰："人生而静，天之性也。感而后动，性之害也。物至而应之，知之动也。知与物接，而好憎生，好憎成形，知诱于外，而不能反己，天理灭矣。"于是圣人之所务，在保持其本性而勿失之。故又曰："达其道者不以人易天，外化物而内不失其情，至无而应其求，时骋而要其宿，小大修短，各有其是，万物之至也。腾踊肴乱，不失其数。"

性与道合

虚静者，老庄之理想也。然自昔南方思想家，不于宇宙间认有人类之价值，故不免外视人性。而北方思想家子思之流，则颇言性道之关系，如《中庸》诸篇是也。淮南子承之，而立性道符同之义，曰："清净恬愉，人之性也。"以道家之虚静，代中庸之诚，可谓巧于调节者。其《齐俗训》之言曰："率性而行之之为道，得于天性之谓德。"即《中庸》所谓"率性之为道，修道之为教"也。于是以性为纯粹具足之体，苟不为外物所蔽，则可以与道合一。故曰："夫素之质白，染之以涅则黑。缣之性黄，染之以丹则赤。人之性无邪，久湛于俗则易，易则忘本而合于若性。故日月欲明，浮云蔽之。河水欲清，沙石秽之。人性欲平，嗜欲害之。唯圣人能遗物而已。夫人乘船而惑，不知东西，见斗极而悟。性，人之斗极也，有以自见，则不失物之情；无以自见，则动而失营。"

以道家之虚静，代中庸之诚，可谓巧于调节者。

修为之法

承子思之性论而立性善论者，孟子也。孟子揭修为之法，有积极、消极二义，养浩然之气及求放心是也。而淮南子既以性为纯粹具足之体，则有消极一义而已足。以为性者，无可附加，唯在去欲以反性而已。故曰："为治之本，务在安民。安民之本，在足用。足用之本，在无夺时。无夺时之本，在省事。省事之本，在节欲。节欲之本，在反性。反性之本，在去载。去载则虚，虚则平。平者，道之素也。虚者，道之命也。能有天下者，必不丧其家。能治其家者，必不遗其身。能修其身者，必不忘其心。能原其心者，必不亏其性。能全其性者，必不惑于道。"载者，浮华也，即外界诱惑之物，能刺激人之嗜欲者也。然淮南子亦以欲为人性所固有而不能绝对去之，故曰："圣人胜于心，众人胜于欲，君子行正气，小人行邪性。内便于性，外合于义，循理而动，不系于殉，正气也。重滋味，淫声色，发喜怒，不顾后患者，邪气也。邪与正相伤，欲与性相害，不可两立，

以为性者，无可附加，唯在去欲以反性而已。

目好色，耳好声，口好味，接而悦之，不知利害，嗜欲也。

一置则一废，故圣人损欲而从事于性。目好色，耳好声，口好味，接而悦之，不知利害，嗜欲也。食之而不宁于体，听之而不合于道，视之而不便于性，三宫交争，以义为制者，心也。痤疽非不痛也。饮毒药，非不苦也。然而为之者，便于身也。渴而饮水，非不快也。饥而大食，非不澹也。然而不为之者，害于性也。四者，口耳目鼻，不如取去，心为之制，各得其所。"由是观之，欲之不可胜也明矣。凡治身养性，节寝处，适饮食，和喜怒，便动静，得之在己，则邪气因而不生。又曰："情适于性，则欲不过节。"然则淮南子之意，固以为欲不能尽灭，唯有以节之，使不致生邪气以害性而已。盖欲之适性者，合于自然；其不适于性者，则不自然。自然之欲可存；而不自然之欲，不可不勉去之。

善即无为

淮南子以反性为修为之极则，故以无为为至善，曰：所谓善者，静而无为也。所为不善者，躁而多欲也。适情辞余，无所诱惑，循性保真而无变。故曰：为善易。越城郭，逾险塞，奸符节，盗管金，篡杀矫诬，非人之性也。故曰：为不善难。

理想之世界

淮南子之性善说，本以老庄之宇宙观为基础，故其理想之世界，与老庄同。

淮南子之性善说，本以老庄之宇宙观为基础，故其理想之世界，与老庄同。曰："性失然后贵仁，过失然后贵义。是故仁义足而道德迁，礼乐余则纯朴散，是非形则非姓昡，珠玉尊则天下争。凡四者，衰世之道也，末世之用也。"又曰："古者民童蒙，不知东西，貌不羡情，言不溢行，其衣致暖而无文，其兵戈铢而无刃，其歌乐而不转，其哭哀而无声。凿井而饮，耕田而食，无所施其美，亦不求得，亲戚不相毁誉，朋友不相怨德。及礼义之生，货财之贵，而诈伪萌兴，非誉相纷，怨德并行。于是乃有曾参孝己之美，生盗跖庄跻之邪。故有大路龙旗羽盖垂缨结驷连骑，则必有穿窬折揵抽箕逾备之奸；有诡文繁绣弱緆罗纨，则必有菅跻跐踦短褐不完。故高下之相倾也，短修之相形也，明矣。"其言固亦有倒果为因之失，然其意以社会之罪恶，起于不平等；又谓至治之世，无所施其美，亦不求得，则名言也。

性论之矛盾

淮南子之书，成于众手，故其所持之性善说，虽如前述，而间有自相矛盾者。曰："身正性善，发愤而为仁，憪凭而为义，性命可说，不待学问而合于道者，尧舜文王也。沈湎耽荒，不教以道者，丹朱商均也。曼頞皓齿，形夸骨徕，不待脂粉茅泽而可性说者，西施阳文也。啳哆哆呐，蒢蘧戚施，虽粉白黛黑，不能为美者，嫫母仳倠也。夫上不及尧舜，下不及商均，美不及西施，恶不及嫫母，是教训之所谕。"然则人类特殊之性，有偏于美恶两极而不可变，如美丑焉者，常人列于其间，则待教而为善，是即孔子所谓性相近，唯上知与下愚不移者也。淮南子又常列举尧、舜、禹、文王、皋陶、启、契、史皇、羿九人之特性而论之曰："是九贤者，千岁而一出，犹继踵而生，今无五圣之天奉，四俊之才难，而欲弃学循性，是犹释船而欲蹍水也。"然则常人又不可以循性，亦与其本义相违者也。

淮南子之书，成于众手，故其所持之性善说，虽如前述，而间有自相矛盾者。

然则常人又不可以循性，亦与其本义相违者也。

结论

淮南子之特长，在调和儒、道两家，而其学说，则大抵承前人所见而阐述之而已。其主持性善说，而不求其与性对待之欲之所自出，亦无以异于孟子也。

第三章 董仲舒

小传

董仲舒，广川人。少治春秋，景帝时，为博士。武帝时，以贤良应举，对策称旨。武帝复策之，仲舒又上三策，即所谓《天人策》也。历相江都王、胶西王，以病免，家居著书以终。

著书

《天人策》为仲舒名著，其第三策，请灭绝异学，统一国民思想，为武帝所采用，遂尊儒术为国教，是为伦理史之大纪念。

《天人策》为仲舒名著，其第三策，请灭绝异学，统一国民思想，为武帝所采用，遂尊儒术为国教，是为伦理史之大纪念。其他所著书，有所谓《春秋繁露》、《玉杯》、《竹林》之属，其详已不可考。而传于世者号曰《春秋繁露》，盖后儒所缀集也。其间虽多有五行灾异之说，而关于伦理学说者，亦颇可考见云。

纯粹之动机论

仲舒之伦理学，专取动机论，而排斥功利说。

仲舒之伦理学，专取动机论，而排斥功利说。故曰："正其义不谋其利，明其道不计其功。"此为宋儒所传诵，而大占势力于伦理学界者也。

天人之关系

仲舒立天人契合之说，本上古崇拜自然之宗教而敷张之。以为踪迹吾人之生系，自父母而祖父母而曾父母，又递推而上之，则不能不推本于天，然则人之父即天也。天者，不特为吾人理法之标准，而实有血族之关系，故吾人不可不敬之而法之。然则天之可法者何在耶？曰："天覆育万物，化生而养成之，察天之意，无穷之仁也。"天常以爱利为意，以养为事。又曰："天生之以孝悌，无孝悌则失其所以生。地养之以衣食，无衣食则失其所以养。人成之以礼乐，无礼乐则失其所以成。"言三才之道唯一，而宇宙究极之理想，不外乎道德也。由是以人为一小宇宙，而自然界之变异，无不与人事相应。盖其说颇近于墨子之有神论，而其言天以爱利为道，亦本于墨子也。

由是以人为一小宇宙，而自然界之变异，无不与人事相应。

性

仲舒既以道德为宇宙全体之归宿，似当以人性为绝对之善，而其说乃不然。曰："禾虽出米，而禾未可以为米。性虽出善，而性未可以为善。茧虽有丝，而茧非丝。卵虽出雏，而卵非雏。故性非善也。性者，禾也，卵也，茧也。卵待覆而后为善雏，茧待练而后为善丝，性待教训而后能善。善者，教诲所使然也，非质朴之能至也。"然则性可以为善，而非即善也。故又驳性善说，曰："循三纲五纪，通八端之理，忠信而博爱，敦厚而好礼，乃可谓善，是圣人之善也。故孔子曰：'善人吾不得而见之，得见有恒者斯可矣。'由是观之，圣人之所谓善，亦未易也。善于禽兽，非可谓善也。"又曰："天地之所生谓之性情，情与性一也，暝情亦性也。谓性善则情奈何？故圣人不谓性善以累其名。身之有性情也，犹之有阴阳也。"言人之性而无情，犹言天之阳而无阴也。仁、贪两者，皆自性出，必不可以一名之也。

然则性可以为善，而非即善也。

>>> 董仲舒像

性论之范围

仲舒以孔子有上知下愚不移之说，则从而为之辞曰："圣人之性，不可以名性，斗筲之性，亦不可以名性。性者，中民之性也。"是亦开性有三品说之端者也。

是亦开性有三品说之端者也。

教

仲舒以性必待教而后善，然则教之者谁耶？曰：在王者，在圣人。盖即孔子之所谓上知不待教而善者也。故曰："天生之，地载之，圣人教之。君者，民之心也。民者，君之体也。心之所好，天必安之。君之所命，民必从之。故君民者，贵孝悌，好礼义，重仁廉，轻财利，躬亲职此于上，万民听而生善于下，故曰：先王以教化民。"

仁义

仲舒之言修身也，统以仁义，近于孟子。唯孟子以仁为固有之道德性，而以义为道德法则之认识，皆以心性之关系言之；而仲舒则自其对于人我之作用而言之，盖本其原始之字义以为说者也。曰："春秋之所始者，人与我也。所以治人与我者，仁与义也。仁以安人，义以正我，故仁之为言人也，义之为言我也，言名以别，仁之于人，义之于我，不可不察也。众人不察，乃反以仁自裕，以义设人，绝其处，逆其理，鲜不乱矣。"又曰："春秋为仁义之法，仁之法在爱人，不在爱我。义之法在正我，不在正人。我不自正，虽能正人，而义不予。不被泽于人，虽厚自爱，而仁不予。"

而仲舒则自其对于人我之作用而言之，盖本其原始之字义以为说者也。

结论

仲舒之论理学说，虽所传不具，而其性论，不毗于善恶之一偏，为汉唐诸儒所莫能外。其所持纯粹之动机论，为宋儒一二学派所自出，于伦理学界颇有重要之关系也。

第四章　扬雄

小传

扬雄，字子云，蜀之成都人。少好学，不为章句训诂，而博览，好深湛之思，为人简易清净，不汲汲于富贵。哀帝时，官至黄门郎。王莽时，被召为大夫。以天凤七年卒，年七十一。

著书

雄尝治文学及言语学，作辞赋及方言训纂篇等书。晚年，专治哲学，仿《易传》著《太玄》，仿《论语》著《法言》。《太玄》者，属于理论方面，论究宇宙现象之原理，及其进动之方式。《法言》者，属于实际方面，推究道德政治之法则。其伦理学说，大抵见于《法言》云。

《太玄》者，属于理论方面，论究宇宙现象之原理，及其进动之方式。《法言》者，属于实际方面，推究道德政治之法则。

玄

扬雄之伦理学说，与其哲学有密切之关系。而其哲学，则融会南北思潮而较淮南子更明晰更切实也。彼以宇宙本体为玄，即老庄之所谓道也。而又进论其动作之一方面，则本易象中现象变化之法则，而推阐为各现象公动之方式。故如其说，则物之各部分，与其全体，有同一之性质。宇宙间发生人类，人类之性，必同于宇宙之性。今以宇宙之本体为玄，则人各为一小玄体，而其性无不具有玄之特质矣。然则所谓玄者如何耶？曰："玄者，幽摛万物而不见形者也。资陶万物而生规，攔神明而定摹，通古今以开类，攔指阴阳以发气，一判一合，天地备矣。天日回行，刚柔接矣。还复其所，始终定矣。一生一死，性命莹矣。仰以观象，俯以观情，察性知命，原始见终，三仪同科，厚薄相劘，圆者杌隉，方者啬吝，嘘者流体，吟者凝形。"盖玄之本体，虽为虚静，而其中包有实在之动力，故动而不失律。盖消长二力，并存于本体，而得保其均衡。故本体不失其为虚静，而两者之潜势力，亦常存而不失焉。

性

玄既如是，性亦宜然。故曰："天降生民，倥侗颛蒙。"谓乍观之，不过无我无知之状也。然玄之中，由阴阳之二动力互相摄而静定。则性之中，亦当有善恶之二分子，具同等之强度。如中性之水，非由蒸气所成，而由于酸硷两性之均衡也。故曰："人之性也，善恶混。修其善则为善人，修其恶则为恶人。气也者，适于善恶之马也。"雄所谓气，指一种冲动之能力，要亦发于性而非在性以外者也。然则雄之言性，盖折衷孟子性善、荀子性恶二说而为之，而其玄论亦较孟、荀为圆足焉。

性与为

人性者，一小玄也。触于外力，则气动而生善恶。故人不可不善驭其气。于是修为之方法尚已。

人性者，一小玄也。

修为之法

或问何如斯之谓人？曰：取四重，去四轻。何谓四重？曰：重言重则有法，行重则有德，貌重则有威，好重则有欢。

言，重行，重貌，重好。言重则有法，行重则有德，貌重则有威，好重则有欢。何谓四轻？曰：言轻则招忧，行轻则招辜，貌轻则招辱，好轻则招淫。其言不能出孔子之范围。扬雄之学，于实践一方面，全袭儒家之旧。其言曰："老子之言道德也，吾有取焉。其槌提仁义，绝灭礼乐，吾无取焉。"可以观其概矣。

模范

雄以人各为一小玄，故修为之法，不可不得师，得其师，则久而与之类化矣。故曰："勤学不若求师。师者，人之模范也。"曰："螟蠕之子，殪而遇蜾祼，蜾祼见之，曰：类我类我。久则肖之。速矣哉！七十子之似仲尼也。或问人可铸与？曰：孔子尝铸颜回矣。"

结论

扬雄之学说，以性论为最善，而于性中潜力所由以发动之气，未尝说明其性质，是其性论之缺点也。

扬雄之学说，以性论为最善，而于性中潜力所由以发动之气，未尝说明其性质，是其性论之缺点也。

第五章　王充

汉代自董、扬以外，著书立言，若刘向之《说苑》《新序》，桓谭之《新论》，荀悦之《申鉴》，以至徐幹之《中论》，皆不愧为儒家言，而无甚创见。其抱革新之思想，而敢与普通社会奋斗者，王充也。

小传

王充，字仲任，上虞人。师事班彪，家贫无书，常游洛阳市肆，

>>> 王充墓

阅所卖书，遂博通众流百家之言。著《论衡》八十五篇，养性书十六篇。今所传者唯《论衡》云。

革新之思想

汉儒之普通思想，为学理进步之障者二：曰迷信，曰尊古。

汉儒之普通思想，为学理进步之障者二：曰迷信，曰尊古。王充对于迷信，有《变虚》、《异虚》、《感虚》、《福虚》、《祸虚》、《龙虚》、《雷虚》、《道虚》等篇。于一切阴阳灾异及神仙之说，掊击不遗余力，一以其所经验者为断，粹然经验派之哲学也。其对于尊古，则有《刺孟》、《非韩》、《问孔》诸篇。虽所举多无关宏旨，而要其不阿所好之精神，有可取者。

无意志之宇宙论

王充以人类为比例，以为凡有意志者必有表见其意志之机关，而宇宙则无此机关，则断为无意志。故曰："天地者，非有为者也。凡有为者有欲，而表之以口眼者也。今天者如云雾，地者其体土也。故天地无口眼，而亦无为。"

万物生于自然

宇宙本无意志，仅为浑然之元气，由其无意识之动，而天地万物，自然生焉。

宇宙本无意志，仅为浑然之元气，由其无意识之动，而天地万物，自然生焉。王充以此意驳天地生万物之旧说。曰："凡所谓生之者，必有手足。今云天地生之，而天地无有手足之理，故天地万物之生，自然也。"

气与形形与气

天地万物，自然而生，物之生也，各禀有一定之气，而所以维持其气者，不可不有相当之形。形成于生初，而一生之运命及性质，皆由是而定焉。故曰："俱禀元气，或为禽兽，或独为人，或贵或贱，或贫或富，非天禀施有左右也。人物受性，有厚薄也。"又曰："器形既成，不可小大。人体已定，不可减增。用气为性，性成命定。体气与形骸相抱，生死与期节相须。"又曰："其命富者，筋力自强，命贵之人，才智自高。"（班彪尝作王命论，充师事彪，故亦言有命。）

骨相

人物之运命及性质，皆定于生初之形。故观其骨相，而其运命之吉凶，性质之美恶，皆得而知之。其所举因骨相而知性质之证例有曰：越王勾践长颈鸟喙，范蠡以为可以共忧患而不可与共安乐；秦始皇隆准长目鹰胸豺声，其性残酷而少恩云。

人物之运命及性质，皆定于生初之形。故观其骨相，而其运命之吉凶，性质之美恶，皆得而知之。

性

王充之言性也，综合前人之说而为之。彼以为孟子所指为善者，中人以上之性，如孔子之生而好礼是也。荀子所指为恶者，中人以下之性，少而无推让之心是也。至扬雄所谓善恶混者，则中人之性也。性何以有善恶？则以其禀气有厚薄多少之别。禀气尤厚尤多者，恬淡无为，独肖元气，是谓至德之人，老子是也。由是而递薄递少，则以渐不肖元气焉。盖王充本老庄之义，而以无为为上德云。

恶

王充以人性之有善恶，由于禀气有厚薄多少之别。此所谓恶，盖仅指其不能为善之消极方面言之，故以为禀气少薄之故。至于积极之恶，则又别举其原因焉。曰："万物有毒之性质者，由太阳之热气而来，如火烟入眼中，则眼伤。火者，太阳之热所变也。受此热气最甚者，在虫为蜂，在草为茑、巴豆、冶，在鱼为鲑、鲹、鮁，在人为小人。"然则充之意，又以为元气中含有毒之分子，而以太阳之热气代表之也。

结论

王充之特见，在不信汉儒天人感应之说。其所言人之命运及性质与骨相相关，颇与近世唯物论以精神界之现象悉推本于生理者相类，在当时不可谓非卓识。唯彼欲以生初之形，定其一生之命运及性质，而不悟体育及智、德之教育，于变化体质及精神，皆有至大之势力，则其所短也。要之，充实为代表当时思想之一人，盖其时人心已厌倦于经学家天人感应五行灾异之说，又将由北方思潮而嬗于南方思想。故其时桓谭、冯衍皆不言谶，而王充有《变虚》、《异虚》诸篇，且以老子为上德。由是而进，则南方思想愈炽，而魏晋清谈家兴焉。

由是而进，则南方思想愈炽，而魏晋清谈家兴焉。

第六章　清谈家之人生观

自汉以后，儒学既为伦理学界之律贯，虽不能人人实践，而无敢昌言以反对之者。不特政府保持之力，抑亦吾民族由习惯而为遗传性，又由遗传性而演为习惯，往复于儒教范围中，迭为因果，其根柢深固而不可摇也。其间偶有一反动之时代，显然以理论抗之者，为魏晋以后之清谈家。其时虽无成一家之言者，而于伦理学界，实为特别之波动。故钩稽事状，缀辑断语，而著其人生观之大略焉。

起原

清谈家之所以发生于魏晋以后者，其原因颇多：

（一）经学之反动。汉儒治经，囿于诂训章句，牵于五行灾异，而引以应用于人事。积久而高明之士，颇厌其拘迂。

（一）经学之反动。

（二）道德界信用之失。汉世以经明行修孝廉方正等科选举吏士，不免有行不副名者。而儒家所崇拜之尧舜周公，又迭经新莽魏文之假托，于是愤激者遂因而怀疑于历史之事实。

（二）道德界信用之失。

（三）人生之危险。汉代外戚宦官，更迭用事。方正之士，频遭惨祸，而无救于危亡。由是兵乱相寻，贤愚贵贱，均有朝不保夕之势。于是维持社会之旧学说，不免视为赘疣。

（三）人生之危险。

（四）南方思想潜势力之发展。汉武以后，儒家言虽因缘政府之力，占学界统一之权，而以其略于宇宙论之故，高明之士，无以自餍。故老庄哲学，终潜流于思想界而不灭。扬雄当儒学盛行时，而著书兼采老庄，是其证也。及王充时，潜流已稍稍发展。至于魏晋，则前之三因，已达极点，思想家不能不援老庄方外之观以自慰，而其流遂漫衍矣。

（四）南方思想潜势力之发展。

（五）佛教之输入。当此思想界摇动之时，而印度之佛教，适乘机而输入，其于厌苦现世超度彼界之观念，尤为持之有故而言之成理。于是大为南方思想之助力，而清谈家之人生观出焉。

（五）佛教之输入。

扬雄塑像

要素

清谈家之思想，非截然舍儒而合于道、佛也，彼盖灭裂而杂糅之。彼以道家之无为主义为本，而于佛教则仅取其厌世思想，于儒家则留其阶级思想（阶级思想者，源于上古时百姓、黎民之分，孔孟则谓之君子、小人，经秦而其迹已泯。然人类不平等之思想，遗传而不灭，观东晋以后之言门第可知也。）及有命论。（夏道尊命，其义历商周而不灭。孔子虽号罕言命，而常有有命、知命、俟命之语。唯儒家言命，其使人克尽义务，而不为境界所移。汉世不遇之士，则藉以寄其怨愤。至王充则引以合于道家之无为主义，则清谈家所本也。）有阶级思想，而道、佛两家之人类平等观，儒、佛两家之利他主义，皆以为不相容而去之。有厌世思想，则儒家之克己，道家之清净，以至佛教之苦行，皆以为徒自拘苦而去之。有命论及无为主义，则儒家之积善，佛教之济度，又以为不相容而去之。于是其所余之观念，自等也，厌世也，有命而无可为也，遂集合而为苟生之唯我论，得以伪列子之《杨朱》篇代表之。（《杨朱》篇虽未能确指为何人所作，然以其理论与清谈家之言行正相符合，故假定为清谈家之学说。）略叙其说于左：

清谈家之思想，非截然舍儒而合于道、佛也，彼盖灭裂而杂糅之。

有厌世思想，则儒家之克己，道家之清净，以至佛教之苦行，皆以为徒自拘苦而去之。

人生之无常

《杨朱》篇曰："百年者，寿之大齐，得百年者千不得一。设有其一，孩抱以逮昏老，夜眠之所弭者或居其半，昼觉之所遗者又几居其半，痛疾哀苦亡失忧惧又或居其半，量十数年之中，逍遥自得，无介焉之虑者，曾几何时！人之生也，奚为哉？奚乐哉？"曰："十年亦死，百年亦死，生为尧舜，死则腐骨，生为桀纣，死亦腐骨，一而已矣。"言人生至短且弱，无足有为也。阮籍之《大人先生传》，用意略同。曰："天地之永固，非世欲之所及。往者天在下，地在上，反覆颠倒，未之安固，焉能不失律度？天固地动，山陷川起，云散震坏，六合失理，汝又焉得择地而行，趋步商羽。往者祥气争存，万物死虑，支体不从，身为泥土，根拔枝除，咸失其所，汝又安得束身修行，磬折抱鼓。李牧有功而身死，伯宗忠而世绝，进而求利以丧身，营爵赏则家灭，汝又焉得金玉万亿，挟纸奉君上全妻子哉？"要之，以有命为前提，而以无为为结论而已。

从欲

彼所谓无为者，谓无所为而为之者也。

彼所谓无为者，谓无所为而为之者也。无所为而为之，则如何？曰"视吾力之所能至，以达吾意之所向而已。"《杨朱》篇曰："太古之人，知生之暂来，而死之暂去，故从心而不违自然。"又曰："恣耳之所欲听，恣目之所欲视，恣鼻之所欲向，恣口之所欲言，恣体之所欲安，恣意之所欲行。耳所欲闻者音声，而不得听之，谓之阏聪。目所欲见者美色，而不得见之，谓之阏明。鼻所欲向者椒兰，而不得嗅之，谓之阏颤。口所欲道者是非，而不得言之，谓之阏智。体所欲安者美厚，而不得从之，谓之阏适。意所欲为者放逸，而不得行之，谓之阏往。凡是诸阏，废虐之主。去废虐之主，则熙熙然以俟死，一日、一月、一年、十年，吾所谓养也(即养生)。拘于废虐之主，缘而不舍，戚戚然以久生，虽至百年、千年、万年，非吾所谓养也。"又设为事例以明之曰："子产相郑，其兄公孙朝好酒，弟公孙穆好色。方朝之纵于酒也，不知世道之安危，人理之悔吝，室内之有亡，亲族之亲疏，存亡之哀乐，水火兵刃，虽交于前而不知。方穆之耽于色也，屏亲昵，绝交游。子产戒之。朝、穆二人对曰：'凡生难遇而死易及，以难遇之生，俟易及之死，孰当念哉？而欲尊礼义以夸人，矫情性以招名，吾以此为不若死。'而欲尽一生之欢，穷当年之乐，唯患腹溢而口不得恣饮，力惫而不得肆情于色，岂暇忧名声之丑、性命之危哉！"清谈家中，如阮籍、刘伶、毕卓之纵酒，王澄、谢鲲等之以任放为达，不以醉裸为非，皆由此等理想而演绎之者也。

排圣哲

《杨朱》篇曰："天下之美，归之舜禹周孔。天下之恶，归之桀纣。然而舜者，天民之穷毒者也。禹者，天民之忧苦者也。周公者，天民之危惧者也。孔子者，天民之遑遽者也。凡彼四圣，生无一日之欢，死有万世之名，名固非实之所取也；虽称之而不知，虽赏之而不知，与株块奚以异？桀者，天民之逸荡者也。纣者，天民之放纵者也。之二凶者，生有从欲之欢，死有愚暴之名，实固非名之所与也；虽毁之而不知，虽称之而不知，与株块奚以异？"此等思想，盖为汉魏晋间篡弑之历史所激而成者。如庄子感于田横之盗齐，而言圣人之言仁义适为大盗积者也。嵇康自言尝非汤武而薄周孔，亦其义也。此等问题，苟以社会之大，历史之久，比较而探究之，自有其解决之道，如孟子、庄子是也。而清谈家则仅以一人及人之一生为范围，于是求其说而不可得，则不得不委之于命，由怀疑而武断，促进其厌世之思想，唯从欲以自放而已矣。

此等思想，盖为汉魏晋间篡弑之历史所激而成者。

此等问题，苟以社会之大，历史之久，比较而探究之，自有其解决之道，如孟子、庄子是也。

旧道德之放弃

《杨朱》篇曰："忠不足以安君，而适足以危身。义不足以利物，而适足以害生。安上不由忠而忠名灭，利物不由义而义名绝，君臣皆安物而不兼利，古之道也。"此等思想，亦迫于正士不见容而发，然亦由怀疑而武断，而出于放弃一切旧道德之一途。阮籍曰："礼岂为我辈设！"即此义也。曹操之枉奏孔融也，曰："融与白衣祢衡，跌荡放言，云：父之于子，当有何亲？论其本意，实为情欲发耳。子之于母，亦复奚为？譬如寄物瓶中，出则离矣。"此等语，相传为路粹所虚构，然使路粹不生丁[于]是时，则亦不能忽有此意识。又如谢安曰："子弟亦何预人事，而欲使其佳。"谢玄云："如芝兰不树，欲其生于庭阶耳。"此亦足以窥当时思想界之一斑也。

此等语，相传为路粹所虚构，然使路粹不生丁[于]是时，则亦不能忽有此意识。

不为恶

彼等无在而不用其消极主义，故放弃道德，不为善也，而亦不肯为恶。范滂之罹祸也，语其子曰："我欲令汝为恶，则恶不可为，复令汝为美，则我不为恶。"盖此等消极思想，已萌芽于汉季之清流矣。《杨朱》篇曰："生民之不得休息者，四事之故：一曰寿，二曰名，三曰位，四曰货。为是四者，畏鬼，畏人，畏威，畏形，此之谓遁人。可杀可活，制命者在外，不逆命，何羡寿。不矜贵，何羡名。不要势，何羡位。不贪富，何羡货。此之谓顺民。"又曰："不见田父乎，晨出夜入，自以性之恒，啜菽茹藿，自以味之极，肌肉粗厚，筋节蜷急，一朝处以柔毛绨幕，荐以粱肉兰橘，则心痛体烦，而内热生病。使商鲁之君，处田父之地，亦不盈一时而惫，故野人之安，野人之美也，天下莫过焉。"彼等由有命论、无为论而演绎之，则为安分知足之观念。故所谓从欲焉者，初非纵欲而为非也。

彼等由有命论、无为论而演绎之，则为安分知足之观念。故所谓从欲焉者，初非纵欲而为非也。

排自杀

厌世家易发自杀之意识，而彼等持无为论，则亦反对自杀。《杨朱》篇曰："孟孙阳曰：若是，则速亡愈于久生。践锋刃，入汤火，则得志矣。杨子曰：不然，生则废而任之，究其所欲，以放于尽，无不废焉，无不任焉，何遂欲迟速于其间耶？”（佛教本禁自杀，清谈家殆亦受其影响。）

不侵人之维我论

凡利己主义，不免损人，而彼等所持，则利己而并不侵人，为纯粹之无为论。故曰：古之人损一毫以利天下，不与也。悉天下以奉一人，不取也。人人不损一毫，人人不利天下，则天下自治。

凡利己主义，不免损人，而彼等所持，则利己而并不侵人，为纯粹之无为论。

反对派之意见

方清谈之盛行，亦有一二反对之者。如晋武帝时，傅玄上疏曰：“先王之御天下也，教化隆于上，清议行于下，近者魏武好法术，天下贵刑名。魏文慕通达，天下贱守节。其后纲维不摄，放诞盈朝，遂使天下无复清议。”惠帝时，裴頠作《崇有论》曰：“利欲虽当节制，而不可绝去，人事须当节，而不可全无。今也，谈者恐有形之累，盛称虚无之美，终薄综世之务，贱内利之用，悖吉凶之礼，忽容止之表，渎长幼之序，混贵贱之级，无所不至。夫万物之性，以有为引，心者非事，而制事必由心，不可谓心为无也。匠者非器，而制器必须匠，不可谓非有匠也。”由是观之，济有者皆有也，人类既有，虚无何益哉。其言非不切著，而限于常识，不足以动清谈家思想之基础，故未能有济也。

方清谈之盛行，亦有一二反对之者。

结论

清谈家之思想，至为浅薄无聊，必非有合群性之人类所能耐，故未久而熸。其于儒家伦理学说之根据，初未能有所震撼也。

>>> 韩愈像

第七章　韩愈

方清谈之盛，南方学者，如王勃之流，尝援老庄以说经。而北方学者，如徐遵明、李铉辈，皆笃守汉儒诂训章句之学，至隋唐而未沫。齐陈以降，南方学者，倦于清谈，则竞趋于文苑，要之皆无关于学理者也。隋之时，龙门王通，始以绍述北方之思想自任，尝仿孔子作《王氏六经》，皆不传，传者有《中论》，其弟子所辑，以当孔氏之《论语》者也。其言皆夸大无精义，其根本思想，曰执中。其调和异教之见解，曰三教一致。然皆标举题目，而未有特别之说明也。唐中叶以后，南阳韩愈，慨六朝以来之文章，体格之卑靡，内容之浅薄，欲导源于群经诸子以革新之。于是始从事于学理之探究，而为宋代理学之先驱焉。

唐中叶以后，南阳韩愈，慨六朝以来之文章，体格之卑靡，内容之浅薄，欲导源于群经诸子以革新之。

小传

韩愈，字退之，南阳人。年八岁，始读书。及长，尽通六经百家之学。贞元八年，擢进士第，历官至吏部侍郎，其间屡以直谏被贬黜。宪宗时，上迎佛骨表，其最著者也。穆宗时卒，谥曰文。

儒教论

愈之意，儒教者，因人类普通之性质，而自然发展，于伦理之法则，已无间然，决不容舍是而他求者也。

愈之意，儒教者，因人类普通之性质，而自然发展，于伦理之法则，已无间然，决不容舍是而他求者也。故曰：“夫先王之教何也？博爱之谓仁，行而宜之之谓义，由是而之焉之谓道，足于己无待于外之谓德。”“其文诗书易春秋，其法礼乐刑政，其民士农工商，其位君臣父子师友宾主昆弟夫妇，其服麻丝，其居宫室，其食粟米蔬果鱼肉，其道也易明，其教也易行。是故以之为己则顺而祥，以之为人则爱而公，以之为心则和而平，以之为天下国家，则处之而无不当。是故生得其情，死尽其常，郊而天神假，庙而人鬼假。"其叙述可谓简而能赅，然第即迹象而言，初无关乎学理也。

排老庄

愈既以儒家为正宗，则不得不排老庄。

愈既以儒家为正宗，则不得不排老庄。其所以排之者曰："今其言曰，圣人不死，大盗不止。剖斗折衡，而民不争。呜呼！其亦不思而已矣。使无圣人，则人类灭久矣。何则？无羽毛鳞甲以居寒热也。"又曰："今其言曰：曷不为太古之无事，是责冬之裘者，曰曷不易之以葛；责饥之食者，曰曷不易之以饮也。"又曰："老子之小仁义也，其所见者小也。彼以煦煦为仁，孑孑为义，其小之也固宜。"又曰："凡吾所谓道德，合仁与义而言之也，天下之公言也。老子之所谓道德，去仁与义而言之也，一人之私言也。"皆对于南方思想之消极一方面，而以常识攻击之；至其根本思想，及积极一方面，则未遑及也。

排佛教

韩愈之所以排佛者，亦同此义，而附加以轻侮之意。

王通之论佛也，曰：佛者，圣人也。其教，西方之教也。在中国则泥，轩车不可以通于越，冠冕不可以之胡，言其与中国之历史风土不相容也。韩愈之所以排佛者，亦同此义，而附加以轻侮之意。曰："今其法曰，必弃而君臣，去而父子，禁而相生相养之道，以求所谓清净寂灭。呜呼！其亦幸而于三代之后，不见黜于禹汤文武周公孔子也。"盖愈之所排，佛教之形式而已。

性

愈之立说稍合于学理之范围者，性论也。其言曰："性有三品，上者善而已，中者可导而上下者也，下者恶而已。孟子之言性也，曰：人之性善。荀子之言性也，曰：人之性恶。杨子之言性也，人之性善恶混。夫始也善而进于恶，始也恶而进于善，始也善恶混，而今也为善恶，皆举其中而遗其上下，得其一而失其二者也。"又曰："所以为性者五：曰仁，曰礼，曰信，曰义，曰智。上者主一而行四，中者少有其一而亦少反之，其于四也混，下者反一而悖四。"其说亦以孔子性相近及上下不移之言为本，与董仲舒同。而所以规定之者，较为明晰。至其以五常为人性之要素，而为三品之性，定所含要素之分量，则并无证据，臆说而已。

愈之立说稍合于学理之范围者，性论也。

情

愈以性与情有先天、后天之别，故曰："性者，与生俱生者也。情者，接物而生者也。"又以情亦有三品，随性而为上中下。曰："所以为情者七：曰喜，曰怒，曰哀，曰惧，曰爱，曰恶，曰欲。上者，七情动而处其中。中者有所甚，有所亡，虽然，求合其中者也。下者，亡且甚，直情而行者也。"如其言，则性情殆有体用之关系。故其品相因而为高下，然愈固未能明言其所由也。

如其言，则性情殆有体用之关系。

结论

韩愈，文人也，非学者也。其作《原道》也，曰："尧以是传之舜，舜以是传之禹，禹以是传之汤，汤以是传之文武周公，文武周公传之孔子，孔子传之孟轲，轲之死不得其传也。"隐然以传者自任。然其立说，多敷衍门面，而绝无精深之义。其功之不可没者，在尊孟子以继孔子，而标举性情道德仁义之名，揭排斥老佛之帜，使世人知是等问题，皆有特别研究之价值，而所谓经学者，非徒诵习经训之谓焉。

第八章　李翱

小传

李翱，字习之，韩愈之弟子也。贞元十四年，登进士第，历官至山南节度使，会昌中，殁于其地。

学说之大要

翱尝作《复性书》三篇，其大旨谓性善情恶，而情者性之动也。故贤者当绝情而复性。

性

翱之言性也，曰："性者，所以使人为圣人者也。寂然不动，广大清明，照感天地，遂通天地之故。行止语默，无不处其极，其动也中节。"又曰："诚者，圣人性之。"又曰："清明之性，鉴于天地，非由外来也。"其义皆本于中庸，故欧阳修尝谓始读《复性书》，以为《中庸》之义疏而已。

性情之关系

虽然，翱更进而论吾人心意中性情二者之并存及冲突。

虽然，翱更进而论吾人心意中性情二者之并存及冲突。曰："人之所以为圣人者，性也。人之所以惑其性者，情也。喜怒哀惧爱恶欲，七者，皆情之为也。情昏则性迁，非性之过也。水之浑也，其流不清。火之烟也，其光不明。然则性本无恶，因情而后有恶。情者，常蔽性而使之钝其作用者也。”与《淮南子》所谓“久生而静，天之性；感而后动，性之害”相类。翱于是进而说复性之法曰：“不虑不思，则情不生，情不生乃为正思。”又曰：“圣人，人之先觉也。觉则明，不然则惑，惑则昏，故当觉。”则不特远取庄子外物而朝彻，实乃近袭佛教之去无明而归真如也。

情之起原

性由天禀，而情何自起哉？翱以为情者性之附属物也。曰：“无性则情不生，情者，由性而生者也。情不自情，因性而为情；性不自性，因情以明性。”

性由天禀，而情何自起哉？翱以为情者性之附属物也。

至静

翱之言曰：“圣人岂无情哉？情有善有不善。”又曰：“不虑不思，则情不生。虽然，不可失之于静，静则必有动，动则必有静，有动静而不息，乃为情。当静之时，知心之无所思者，是斋戒其心也，知本与无思，动静皆离，寂然不动，是至静也。”彼盖以本体为性，以性之发动一方面为情，故性者，超绝相对之动静，而为至静，亦即超绝相对之善恶，而为至善。及其发动而为情，则有相对之动静，而即有相对之善恶。故人当斋戒其心，以复归于至静至善之境，是为复性。

彼盖以本体为性，以性之发动一方面为情，故性者，超绝相对之动静，而为至静，亦即超绝相对之善恶，而为至善。

结论

翱之说，取径于中庸，参考庄子，而归宿于佛教。既非创见，而持论亦稍暧昧。然翱承韩愈后，扫门面之谈，从诸种教义中，细绎其根本思想，而著为一贯之论，不可谓非学说进步之一征也。

第二期　结论

独尊儒术者，汉有董仲舒，唐有韩愈。

自汉至唐，于伦理学界，卓然成一家言者，寥寥可数。独尊儒术者，汉有董仲舒，唐有韩愈。吸收异说者，汉有淮南、扬雄，唐有李翱，其价值大略相等。大抵汉之学者，为先秦诸子之余波。唐之学者，为有宋理学之椎轮而已。魏晋之间，佛说输入，本有激冲思想界之势力，徒以其出世之见，与吾族之历史极不相容，而当时颖达之士，如清谈家，又徒取其消极之义，而不能为其积极一方面之助力，是以佛氏教义之入吾国也，于哲学界增一种研究之材料，于社会间增一穷而无告者之籧庐，于平民心理增一来世应报之观念，于审察仪式中窜入礼谶布施之条目，其势力虽不可消灭，而要之吾人家族及各种社会之组织，初不因是而摇动也。

第三期——宋明理学时代

及宋而理学之儒辈出，讲学授徒，几遍中国。其人率本其所服膺之动机论，而演绎之于日用常行之私德，又卒能克苦躬行，以为规范，得社会之信用。其后，政府又专以经义贡士，而尤注意于朱注之《大学》、《中庸》、《论语》、《孟子》四书。于是稍稍聪颖之士，皆自幼寝馈于是。达而在上，则益增其说于法令之中；穷而在下，则长书院，设私塾，掌学校教育之权。或为文士，编述小说剧本，行社会教育之事。遂使十室之邑，三家之村，其子弟苟有从师读书者，则无不以四书为读本。而其间一知半解互相传述之语，虽不识字者，亦皆耳熟而详之。虽间有苛细拘苦之事，非普通人所能耐，然清议既成，则非至顽悍者，不敢显与之悖，或阴违之而阳从之，或不能以之律己，而亦能以之绳人，盖自是始确立为普及之宗教焉。斯则宋明理学之功也。

第三编 宋明理学时代

第一章　总说

有宋理学之起原

魏晋以降，苦于汉儒经学之拘腐，而遁为清谈。齐梁以降，歉于清谈之简单，而缛为诗文。唐中叶以后，又餍于体格靡丽内容浅薄之诗文，又趋于质实，则不得不反而求诸经训。虽然，其时学者，既已濡染于佛老二家闳大幽渺之教义，势不能复局于诂训章句之范围，而必于儒家言中，辟一闳大幽渺之境，始有以自展，而且可以与佛老相抗。此所以竞趋于心性之理论，而理学由是盛焉。

此所以竞趋于心性之理论，而理学由是盛焉。

朱陆之异同

宋之理学，创始于邵、周、张诸子，而确立于二程。二程以后，学者又各以性之所近，递相传演，而至朱、陆二子，遂截然分派。朱子偏于道问学，尚墨守古义，近于荀子。陆子偏于尊德性，尚自由思想，近于孟子。朱学平实，能使社会中各种阶级修私德，安名分，故当其及身，虽尝受攻讦，而自明以后，顿为政治家所提倡，其势力或弥漫全国。然承学者之思想，卒不敢溢于其范围之外。陆学则至明之王阳明而益光大焉。

陆学则至明之王阳明而益光大焉。

动机论之成立

朱陆两派，虽有尊德性、道问学之差别，而其所研究之对象，则皆为动机论。董仲舒之言曰："正其义不谋其利，明其道不计其功。"张南轩之言曰："学者潜心孔孟，必求其门而入，以为莫先于明义利之辨，盖圣贤，无所为而然也。有所为而然者，皆人欲之私，而非天理之所存，此义利之分也。自未知省察者言之，终日之间，鲜不为利矣，非特名位货殖而后为利也。意之所向，一涉于有所为，虽有浅深之不同，而其为徇己自私，则一而已矣。"此皆极端之动机论，而朱、陆两派所公认者也。

朱陆两派，虽有尊德性、道问学之差别，而其所研究之对象，则皆为动机论。

功利论之别出

孔孟之言，本折衷于动机、功利之间，而极端动机论之流弊，势不免于自杀其竞争生存之力。故儒者或激于时局之颠危，则亦恒溢出而为功利论。吕东莱、陈龙川、叶水心之属，愤宋之积弱，则叹理学之繁琐，而昌言经制。颜习斋痛明之俄亡，则并诋朱、陆两派之空疏，而与其徒李恕谷、王昆绳辈研究礼乐兵农，是皆儒家之功利论也。唯其人皆亟于应用，而略于学理，故是编未及详叙焉。

唯其人皆亟于应用，而略于学理，故是编未及详叙焉。

儒教之凝成

自汉武帝以后，儒教虽具有国教之仪式及性质，而与社会心理尚无致密之关系。（观晋以后，普通人佞佛求仙之风，如是其盛，苟其先已有普及之儒教，则其时人心之对于佛教，必将如今人之对于基督教矣。)其普通人之行习,所以能不大违于儒教者,历史之遗传,法令之约束为之耳。及宋而理学之儒辈出,讲学授徒,几遍中国。其人率本其所服膺之动机论,而演绎之于日用常行之私德,又卒能克苦躬行,以为规范,得社会之信用。其后,政府又专以经义贡士,而尤注意于朱注之《大学》、《中庸》、《论语》、《孟子》四书。于是稍稍聪颖之士,皆自幼寝馈于是。达而在上,则益增其说于法令之中;穷而在下,则长书院,设私塾,掌学校教育之权。或为文士,编述小说剧本,行社会教育之事。遂使十室之邑,三家之村,其子弟苟有从师读书者,则无不以四书为读本。而其间一知半解互相传述之语,虽不识字者,亦皆耳熟而详之。虽间有苛细拘苦之事,非普通人所能耐,然清议既成,则非至顽悍者,不敢显与之悖,或阴违之而阳从之,或不能以之律己,而亦能以之绳人,盖自是始确立为普及之宗教焉。斯则宋明理学之功也。

思想之限制

宋儒理学,虽无不旁采佛老,而终能立凝成儒教之功者,以其真能以信从教主之仪式对于孔子也。

宋儒理学,虽无不旁采佛老,而终能立凝成儒教之功者,以其真能以信从教主之仪式对于孔子也。彼等于孔门诸子,以至孟子,皆不能无微词,而于孔子之言,则不特不敢稍违,而亦不敢稍加以拟议,如有子所谓夫子有为而言之者。又其所是非,则一以孔子之言为准。故其互相排斥也,初未尝持名学之例以相绳,曰:知(如)是则不可通也,如是则自相矛盾也。唯以宗教之律相绳,曰:如是则与孔子之说相背也,如是则近禅也。其笃信也如此,故其思想皆有制限。其理论界,则以性善、性恶之界而止。至于善恶之界说若标准,则皆若毋庸置喙,故往往以无善无恶与善为同一,而初不自觉其抵牾。其于实践方面,则以为家族及各种社会之组织,自昔已然，唯其间互相交际之道，如何而能无背于孔子。是为研究之对象，初未尝有稍萌改革之思想者也。

是为研究之对象，初未尝有稍萌改革之思想者也。

第二章　王荆公

宋代学者，以邵康节为首，同时有司马温公及王荆公，皆以政治家著，又以特别之学风，立于思想系统之外者也。温公仿扬雄之太玄作潜虚，以数理解释宇宙，无关于伦理学，故略之。荆公之性论，则持平之见，足为前代诸性论之结局。特叙于下：

荆公之性论，则持平之见，足为前代诸性论之结局。

小传

王荆公，名安石，字介甫，荆公者，其封号也。临川人。神宗时被擢为参知政事，厉行新法。当时正人多反对之者，遂起党狱，为世诟病。元祐元年，以左仆射、观文殿大学士卒，年六十六。其所著有新经义学说及诗文集等。今节叙其性论及礼论之大要于下：

性情之均一

自来学者，多判性情为二事，而于情之所自出，恒苦无说以处之。荆公曰："性情一也。世之论者曰性善情恶，是徒识性情之名，而不知性情之实者也。喜怒哀乐好恶欲，未发于外而存于心者，性也；发于外而见于行者，情也。性者情之本，情者性之用，故吾曰性情一也。"彼盖以性情者，不过本体方面与动作方面之别称，而并非二事。性纯则情亦纯，情固未可灭也。何则？无情则直无动作，非吾人生存之状态也。故曰："君子之所以为君子者，无非情也。

>>> 王安石纪念馆

小人之所以为小人者,无非情也。"

善恶

性情皆纯,则何以有君子小人及善恶之别乎?无他,善恶之名,非可以加之性情,待性情发动之效果,见于行为,评量其合理与否,而后得加以善恶之名焉。故曰:"喜怒哀乐爱恶欲,七者,人生而有之,接于物而后动。动而当理者,圣也,贤也;不当于理者,小人也。"彼徒见情发于外,为外物所累,而遂入于恶也。因曰:"情恶也,害性者情也。是曾不察情之发于外,为外物所感,而亦尝入于善乎?"如其说,则性情非可以善恶论,而善恶之标准,则在理。其所谓理,在应时处位之关系,而无不适当云尔。

性情皆纯,则何以有君子小人及善恶之别乎?无他,善恶之名,非可以加之性情,待性情发动之效果,见于行为,评量其合理与否,而后得加以善恶之名焉。

情非恶之证明

彼又引圣人之事,以证情之非恶。曰:"舜之圣也,象喜亦喜,使可喜而不喜,岂足以为舜哉?文王之圣也,王赫斯怒,使可怒而不怒,岂足以为文王哉?举二者以明之,其余可知。使无情,虽曰性善,何以自明哉?诚如今论者之说,以无情为善,是木石也。性情者,犹弓矢之相待而为用,若夫善恶,则犹之中与不中也。"

彼又引圣人之事,以证情之非恶。

礼论

荀子道性恶,故以礼为矫性之具。荆公言性情无善恶,而其发于行为也,可以善,可以恶,故以礼为导人于善之具。其言曰:"夫木斫之而为器,马服之而为驾,非生而能然也,劫之于外而服之以力者也。然圣人不舍木而为器,不舍马而为驾,固因其天资之材也。今人生而有严父爱母之心,圣人因人之欲而为之制;故其制,虽有以强人，而乃顺其性之所欲也。圣人苟不为之礼，则天下盖有慢父而疾母者，是亦可谓无失其性者也。夫狙猿之形，非不若人也，绳之以尊卑，而节之以揖让，彼将趋深山大麓而走耳。虽畏之以威而驯之以化，其可服也，乃以为天性无是而化于伪也。然则狙猿亦可为礼耶？”故曰：“礼者，始于天而成于人，天无是而人欲为之，吾盖未之见也。”

结论

荆公以政治文章著，非纯粹之思想家，然其言性情非可以善恶名，而别求善恶之标准于外，实为汉唐诸儒所未见及，可为有卓识者矣。

荆公以政治文章著，非纯粹之思想家，然其言性情非可以善恶名，而别求善恶之标准于外，实为汉唐诸儒所未见及，可为有卓识者矣。

第三章　邵康节

小传

邵康节，名雍，字尧夫，河南人。尝师北海李之才，受河图先天象数之学，妙契神悟，自得者多。屡被举，不之官。熙宁十年卒，年六十七。元祐中，赐谥康节。著有《观物篇》、《渔樵问答》、《伊川击壤集》、《先天图》、《皇极经世书》等。

宇宙论

康节之宇宙论，仿《易》及《太玄》，以数为基本，循世界时间之阅历，而论其循环之法则，以及于万物之化生。其有关伦理学说者，论人类发生之原者是也。其略如下：

动静二力

动静二力者，发生宇宙现象，而且有以调摄之者也。动者为阴阳，静者为刚柔。阴阳为天，刚柔为地。天有寒暑昼夜，感于事物之性情状态。地有雨风露雪，应于事物之走飞草木。性情形体，与走飞草木相合，而为动植之感应，万物由是生焉。性情形态之走飞草木，应于声色气味；走飞草木之性情形态，应于耳目口鼻。物者有色声气味而已，人者有耳目口鼻，故人者，总摄万物而得其灵者也。

阴阳为天，刚柔为地。

物人凡圣之别

康节言万物化成之理如是，于是进而论人、物之别，及凡人与圣人之别。曰："人所以为万物之灵者，耳目口鼻，能收万物之声色气味。声色气味，万物之体也。耳目鼻口，万人之用也。体无定用，唯变是用。用无定体，唯化是体，用之交也。人物之道，于是备矣。然人亦物也，圣亦人也。有一物之物，有十物之物，有百物之物，有千物、万物、亿物、兆物之物，生一物之物而当兆物之物者，非人耶？有一人之人，有十人之人，有百人之人，有千人、万人、亿人、兆人之人，生一人之人而当兆人之人者，非圣耶？是以知人者物之至，圣人者，人之至也。人之至者，谓其能以一心观万心，以一身观万身，以一世观万世，能以心代天意，口代天言，手代天工，身代天事。是以能上识天时，下尽地理，中尽物情而通照人事，能弥纶天地，出入造化，进退古今，表里人物者也。"如其说，则圣人者，包含万有，无物我之别，解脱差别界之观念，而入于万物一体之平等界者也。

康节言万物化成之理如是，于是进而论人、物之别，及凡人与圣人之别。

邵康節先生手著

梅花易數

松樾堂主人書

心易梅花數序

宋慶曆中康節邵先生隱處山林冬不爐夏不扇蓋心在于易忘乎其為寒暑也猶以為未至糊易於壁心致而目觀焉遂于易裡形造易之數而未盡徵也一日午睡有鼠走而前以所枕瓦枕擲擊之鼠走而枕破覺中有字取視之此枕賣與賢人康節某年月日某時擊鼠枕破先生訝而詢之陶家其陶枕者曰昔一人手執周易憩坐舉枕其書此字也今不至久矣吾能識其家先生偕陶往訪焉及門則已不存矣但遺書一冊謂其家人曰某年月日某時有一秀士至吾家可以此書授之能終吾身後事矣其家以書授先生先生

>>> 邵康节《梅花易数》书影

学

然则人何由而能为圣人乎?曰:学。康节之言学也,曰:“学不际天人,不可以谓之学。”又曰:“学不至于乐,不可以谓之学。”彼以学之极致,在四经,《易》、《书》、《诗》、《春秋》是也。曰:“昊天之尽物,圣人之尽民,皆有四府。昊天之四府,春、夏、秋、冬之谓也,升降于阴阳之间。圣人之四府,《易》、《书》、《诗》、《春秋》之谓也,升降于礼乐之间。意言象数者,《易》之理。仁义礼智者,《书》之言。性情形体者,《诗》之根。圣贤才术者,《春秋》之事。谓之心,谓之用。《易》由皇帝王伯,《书》应虞夏殷周,《诗》关文武周公,《春秋》系秦晋齐楚。谓之体,谓之迹。心迹体用四者相合,而得为圣人。其中同中有异,异中有同,异同相乘,而得万世之法则。”

然则人何由而能为圣人乎?曰:学。

慎独

康节之意,非徒以讲习为学也。故曰:“君子之学,以润身为本,其治人应物,皆馀事也。”又曰:“凡人之善恶,形于言,发于行,人始得而知之。但萌诸心,发诸虑,鬼神得而知之。是君子所以慎独也。”又曰:“人之神,即天地之神,人之自欺,即所以欺天地,可不慎与?”又言慎独之效曰:“能从天理而动者,造化在我,其对于他物也,我不被物而能物物。”又曰:“任我者情,情则蔽,蔽则昏。因物者性,性则神,神则明。潜天潜地,行而无不至,而不为阴阻所摄者,神也。”

康节之意,非徒以讲习为学也。

神

彼所谓神者何耶?即复归于性之状态也。故曰:“神无方而性则质也。”又曰:“神无所不在,至人与他心通者,其本一也。道与

彼所谓神者何耶?即复归于性之状态也。

一，神之强名也。”以神为神者，至言也。然则彼所谓神，即老子之所谓道也。

性情

康节以复性为主义，故以情为性之反动者。

康节以复性为主义，故以情为性之反动者。曰：“月者日之影，情者性之影也。心为性而胆为情，性为神而情为鬼也。”

结论

康节之宇宙论，以一人为小宇宙，本于汉儒。一切以象数说之，虽不免有拘墟之失，而其言由物而人，由人而圣人，颇合于进化之理。其以神为无差别之代表，而以慎独而复性，为由差别界而达无差别之作用。则其语虽一本儒家，而其意旨则皆庄佛之心传也。

第四章 周濂溪

小传

周濂溪，名敦颐，字茂叔，道州营道人。景祐三年，始官洪州分宁县主簿，历官至知南康郡，因家于庐山莲花峰下，以营道故居濂溪名之。熙宁六年卒，年五十七。黄庭坚评其人品，如光风霁月。晚年，闲居乐道，不除窗前之草，曰：与自家生意一般。二程师事之，濂溪常使寻孔颜之乐何在。所著有《太极图》、《太极图说》、《通书》等。

>>> 周敦颐塑像

太极论

濂溪之言伦理也，本于性论，而实与其宇宙论合，故述濂溪之学，自太极论始。

濂溪之言伦理也，本于性论，而实与其宇宙论合，故述濂溪之学，自太极论始。其言曰："无极而太极，太极动而生阳，动极而静，静而生阴，静极复动，一动一静，互为其根，分阴分阳，两仪立焉。五行一阴阳也，阴阳一太极也，太极本无极也。五行之生也，各一其性。无极之真，二五之精，妙合而凝，乾道成男，坤道成女。二气交感，化合万物，万物生之而变化无穷。人得其秀而最灵，生而发神知，五性感动，而善恶分。圣人定之以中正仁义，主静而立其极。'圣人与天地合其德，与日月合其明，与四时合其序，与鬼神合其吉凶。'君子修之吉，小人悖之凶。故曰：立天之道，曰阴与阳，立地之道，曰柔与刚，立人之道，曰仁与义。"又曰："原始要终，故知死生之说，大哉，易其至矣乎。"其大旨以人类之起原，不外乎太极，而圣人则以人而合德于太极者也。

性与诚

濂溪以性为诚，本于中庸。唯其所谓诚，专自静止一方面考察之。

濂溪以性为诚，本于中庸。唯其所谓诚，专自静止一方面考察之。故曰："诚者，圣人之本。'大哉乾元，万物资始'，诚之原也。'乾道变化，各正性命'，诚既立矣，纯粹至善。故曰：一阴一阳之谓道，继之者善也，成之者性也。元亨者诚之通，利贞者诚之复，大哉易！其性命之源乎？"又曰："诚者，五常之本，百行之原也，静无而动有，至正而明达者也。五常百行，非诚则为邪暗塞。故诚则无事，至易而行难。"由是观之，性之本质为诚，超越善恶，与太极同体者也。

由是观之，性之本质为诚，超越善恶，与太极同体者也。

善恶

然则善恶何由起耶？曰：起于几。故曰："诚无为，几善恶，爱曰仁，宜曰义，理曰礼，通曰智，守曰信。性而安之之谓圣，执之之谓贤，发微而不可见，充周而不可穷之谓神。"

然则善恶何由起耶？曰：起于几。

几与神

濂溪以行为最初极微之动机为几，而以诚、几之间自然中节之作用为神。故曰："寂然不动者诚也，感而遂动者神也，动而未形于有无之间者几也。诚精故明，神应故妙，几微故幽，诚神几谓之圣人。"

濂溪以行为最初极微之动机为几，而以诚、几之间自然中节之作用为神。

仁义中正

唯圣故神，苟非圣人，则不可不注意于动机，而一以圣人之道为准。故曰："动而正曰道，用而和曰德，匪仁匪义匪礼匪智匪信，悉邪也。邪者动之辱也，故君子慎动。"又曰："圣人之道，仁义中正而已。守之则贵，行之则利。廓之而配乎天地，岂不易简哉？岂为难知哉？不守不行不廓而已。"

唯圣故神，苟非圣人，则不可不注意于动机，而一以圣人之道为准。

修为之法

吾人所以慎动而循仁义中正之道者，当如何耶？濂溪立积极之法，曰思，曰洪范。曰："思曰睿，睿作圣，几动于此，而诚动于彼，思而无不通者，圣人也。非思不能通微，非睿不能无不通。故思者，圣功之本，吉凶之几也。"又立消极之法，曰无欲。曰："无欲则静虚而动直，静灵则明，明则通。动直则公，公则溥。明通公溥，庶矣哉！"

结论

濂溪由宇宙论而演绎以为伦理说，与康节同。唯康节说之以数，而濂溪则说之以理。说以数者，非动其基础，不能加以补正。说以理者，得截其一、二部分而更变之。是以康节之学，后人以象数派外视之；而濂溪之学，遂孳生思想界种种问题也。濂溪之伦理说，大端本诸中庸，以几为善恶所由分，是其创见。而以人物之别，为在得气之精粗，则后儒所祖述者也。

濂溪之伦理说，大端本诸中庸，以几为善恶所由分，是其创见。而以人物之别，为在得气之精粗，则后儒所祖述者也。

第五章　张横渠

小传

张横渠名载，字子厚。世居大梁，父卒于官，因家于凤翔郡县之横渠镇。少喜谈兵，范仲淹授以《中庸》，乃翻然志道，求诸释老，无所得，乃反求诸六经。及见二程，语道学之要，乃悉弃异学。嘉祐中，举进士，官至知太常礼院。熙宁十年卒，年五十八。所著有《正蒙》、《经学理窟》、《易说》、《语录》、《西铭》、《东铭》等。

太虚

横渠尝求道于佛老。而于老子由无生有之说，佛氏以山河大地为见病之说，俱不之信。以为宇宙之本体为太虚，无始无终者也。其所含最凝散之二动力，是为阴阳，由阴阳而发生种种现象。现象虽无一雷同，而其发生之源则一。故曰："两不立则一不可见，一不可见则两之用息，虚实也，动静也，聚散也，清浊也，其容一也。"又曰："造化之所成，无一物相肖者。"横渠由是而立理一分殊之观念。

理一分殊

横渠既于宇宙论立理一分殊之观念，则应用之于伦理学。其《西铭》之言曰："乾称父，坤称母，予兹藐焉；乃浑然中处，天地之塞吾其体，天地之帅吾其性，民吾同胞，物吾与也。大君者，我之宗子，大臣者，宗子之家相。尊高年，所以长其长。慈孤弱，所以幼其幼。圣其合德，贤其秀也。凡天下之病癃残疾惸独鳏寡，皆吾兄弟之颠连而无告者也。"

横渠既于宇宙论立理一分殊之观念，则应用之于伦理学。

天地之性与气质之性

天地之塞吾其体，亦即万人之体也。天地之帅吾其性，亦即万人之性也。然而人类有贤愚善恶之别，何故？横渠于是分性为二，谓为天地之性与气质之性，曰："形而后有性质之性，能反之，则天地之性存，故气质之性，君子不性焉。"其意谓天地之性，万人所同，如太虚然，理一也。气质之性，则起于成形以后，如太虚之有气，气有阴阳，有清浊。故气质之性，有贤愚善恶之不同，所谓分殊也。虽然，阴阳者，虽若相反而实相成，故太虚演为阴阳，而阴阳得复归于太虚。至于气之清浊，人之贤愚善恶，则相反矣。比而论之，颇不合于论理。

天地之塞吾其体，亦即万人之体也。

心性之别

从前学者，多并心性为一谈，横渠则别而言之。曰："物与知觉合，有心之名。"又曰："心者统性情者也。"盖以心为吾人精神界全体之统名，而性则自心之本体言之也。

从前学者，多并心性为一谈，横渠则别而言之。

乾称父坤称母予兹藐焉乃混然中处
故天地之塞吾其体天地之帅吾其
性民吾同胞物吾与也尊高年所以长
其长慈孤弱所以幼其幼圣其合德贤
其秀也凡天下疲癃残疾惸独鳏寡
皆吾兄弟之颠连而无告者也于时保之
子之翼也乐且不忧纯乎孝者也违曰悖德
害仁曰贼济恶者不才其践形惟肖者也

知化则善述其事穷神则善继其志不愧屋
漏为无忝存心养性为匪懈恶旨酒崇伯
子之顾养育英才颍封人之锡类不弛
劳而底豫舜其功也无所逃而待烹申生其恭
也体其受而归全者参乎勇于从而顺令者伯
奇也富贵福泽将厚吾之生也贫贱忧戚
庸玉汝于成也存吾顺事没吾宁也

张横渠先生西铭

于右任

虚心

横渠以心为统性与知，而以知附属于气质之性，故其修为之的，不在屑屑求知，而在反于天地之性，是谓合心于太虚。故曰："太虚者，心之实也。"又曰："不可以闻见为心，若以闻见为心，天下之物，不可一一闻见，是小其心也，但当合心于太虚而已。心虚则公平，公平则是非较然可见，当为不当为之事，自可知也。"

变化气质

横渠既以合心于太虚为修为之极功，而又以人心不能合于太虚之故，实为气质之性所累，故立变化气质之说。曰："气质恶者，学即能移，今之人多使气。"又曰："学至成性，则气无由胜。"又曰："为学之大益，在自能变化气质。不尔，则卒无所发明，不得见圣人之奥，故学者先当变化气质。"变化气质，与虚心相表里。

横渠既以合心于太虚为修为之极功，而又以人心不能合于太虚之故，实为气质之性所累，故立变化气质之说。

礼

横渠持理一分殊之理论，故重秩序。又于天地之性以外，别揭气质之性，已兼取荀子之性恶论，故重礼。其言曰："生有先后，所以为天序。小大高下相形，是为天秩。天之生物也有序，物之成形也有秩。知序然故经正，知秩然故礼行。"彼既持此理论，而又能行以提倡之，治家接物，大要正己以感人。其教门下，先就其易，主日常动作，必合于礼。程明道尝评之曰："横渠教人以礼，固激于时势，虽然，只管正容谨节，宛然如吃木札，使人久而生嫌厌之情。"此足以观其守礼之笃矣。

>>> 《张载讲学图》

结论

横渠之宇宙论，可谓持之有理。而其由阴阳而演为清浊，又由清浊而演为贤愚善恶，遂不免违于论理。其言理一分殊，言天地之性与气质之性，皆为创见。然其致力之处，偏重分殊，遂不免横据阶级之见。至谓学者舍礼义而无所猷为，与下民一致，又偏重气质之性。至谓天质善者，不足为功，勤于矫恶矫情，方为功，皆与其“民吾同胞”及“人皆有天地之性”之说不能无矛盾也。

至谓天质善者，不足为功，勤于矫恶矫情，方为功，皆与其“民吾同胞”及“人皆有天地之性”之说不能无矛盾也。

第六章 程明道

小传

程明道名颢，字伯淳，河南人。十五岁，偕其弟伊川就学于周濂溪，由是慨然弃科举之业，有求道之志。逾冠，被调为鄠县主簿。晚年，监汝州酒税。以元丰八年卒，年五十四。其为人克实有道，和粹之气，盎于面背，门人交友，从之数十年，未尝见其忿厉之容。方王荆公执政时，明道方官监察御史里行，与议事，荆公厉色待之。明道徐曰：“天下事非一家之私议，愿平气以听。”荆公亦为之愧屈。于其卒也，文彦博采众议表其墓曰：明道先生。其学说见于门弟子所辑之语录。

性善论之原理

邵、周、张诸子，皆致力于宇宙论与伦理说之关系，至程子而始专致力于伦理学说。其言性也，本孟子之性善说，而引易象之文以为原理。曰：“生生之谓易，是天之所以为道也。”天只是以生为

其言性也，本孟子之性善说，而引易象之文以为原理。

道，继此生理者只是善，便有一元的意思。元者善之长，万物皆有春意，便是。继之者善也，成之者性也，成却待万物自成其性须得。又曰："一阴一阳之谓道。"自然之道也，有道则有用。元者善之长也，成之者，却只是性，各正性命也。故曰："仁者见之谓之仁，智者见之谓之智。"又曰："生之谓性。"人生而静以上，不能说示，说之为性时，便已不是性。凡说人性，只是继之者善也。孟子云，人之性善是也。夫所谓继之者善，犹水之流而就下也。又曰："生之谓性，性即气，气即性，生之谓也。"其措语虽多不甚明了，然推其大意，则谓性之本体，殆本无善恶之可言。至即其动作之方面而言之，则不外乎生生，即人无不欲自生，而亦未尝有必不欲他人之生者，本无所谓不善，而与天地生之道相合，故谓继之者善也。

善恶

生之谓性，本无所谓不善，而世固有所谓恶者何故？明道曰，天下之善恶，皆天理，谓之恶者，本非恶，但或过或不及，便如此，如杨墨之类。其意谓善恶之所由名，仅指行为时之或过或不及而言，与王荆公之说相同。又曰："人生气禀以上，于理不能无善恶，虽然，性中元非两物相对而生。"又以水之清浊喻之曰："皆水也，有流至海而不浊者，有流未远而浊多者、或少者。清浊虽不同，而不能以浊者为非水。如此，则人不可不加以澄治之功。故用力敏勇者疾清，用力缓急者迟清。及其清，则只是原初之水也，非将清者来换却浊者，亦非将浊者取出，置之一隅。水之清如性之善。是故善恶者，非在性中两物相对而各自出来也。"此其措语，虽亦不甚明了，其所谓气禀，几与横渠所谓气质之性相类，然唯其本意，则仍以善恶为发而中节与不中节之形容词。盖人类虽同禀生生之

生之谓性，本无所谓不善，而世固有所谓恶者何故？明道曰，天下之善恶，皆天理，谓之恶者，本非恶，但或过或不及，便如此，如杨墨之类。

气，而既具各别之形体，又处于各别之时地，则自爱其生之心，不免太过，而爱人之生之心，恒不免不及，如水流因所经之地而不免渐浊，是不能不谓之恶，而要不得谓人性中具有实体之恶也。故曰："性中元非有善恶两物相对而出也。"

仁

生生为善，即我之生与人之生无所歧视也。是即《论语》之所谓仁，所谓忠恕。故明道曰："学者先须识仁。仁者，浑然与物同体，义礼智信，皆仁也。"又曰："医家以手足痿痺为不仁，此言最善名状。仁者，以天地万物为一体，无非己也。手足不仁时，身体之气不贯，故博施济众，为圣人之功用，仁至难言。"又曰："若夫至仁，天地为一身，而天地之间，品物万形，为四肢百体，夫人岂有视四肢百体而不爱者哉？圣人仁之至也，独能体斯心而已。"

生生为善，即我之生与人之生无所歧视也。是即《论语》之所谓仁，所谓忠恕。

敬

然则体仁之道，将如何？曰敬。明道之所谓敬，非检束其身之谓，而涵养其心之谓也。故曰："只闻人说善言者，为敬其心也。故视而不见，听而不闻，主于一也。主于内，则外不失敬，便心虚故也。必有事焉不忘，不要施之重，便不好，敬其心，乃至不接视听，此学者之事也。始学岂可不自此去，至圣人则自从心所欲，不逾矩。"又曰："敬即便是礼，无己可克。"又曰："主一无适，敬以直内，便有浩然之气。"

然则体仁之道，将如何？曰敬。

忘内外

明道循当时学者措语之习惯，虽然常言人欲，言私心私意，而其本意则不过以恶为发而不中节之形容词,故其所注意者皆积极而非消极。尝曰:“所谓定者,动亦定,静亦定,无将迎,无内外。苟以外物为外,牵己而从之,是以己之性为有内外也。且以己之性为随物于外,则当其在外时,何者为在中耶?有意于绝外诱者,不知性无内外也。”又曰:“夫天地之常,以其心普万物而无心,圣人之常,以其情顺万事而无情。故君子之学,莫若廓然而大公,物来而顺应。苟规规于外诱之除,将见灭于东而生于西,非唯日之不足,顾其端无穷,不可得而除也。”又曰:“与其非外而是内,不若内外之两忘,两忘则澄然无事矣。无事则定,定则明,明则尚何应物之为累哉?圣人之喜,以物之当喜;圣人之怒,以物之当怒。是圣人之喜怒,不系于心而系于物也,是则圣人岂不应于物哉?乌得以从外者为非,而更求在内者为是也。”

诚

明道既不以力除外诱为然,而所以涵养其心者,亦不以防检为事。尝述孟子勿助长之义,而以反身而诚互证之。

明道既不以力除外诱为然,而所以涵养其心者,亦不以防检为事。尝述孟子勿助长之义,而以反身而诚互证之。曰:“学者须先识仁。仁者,浑然与物同体,识得此理,以诚敬存之而已,不须防检,不须穷索。若心懈则有防,心苟不懈,何防之有?理有未得,故须穷索;存久自明,安待穷索?此道与物无对,大不足以明之。天地之用皆我之用。孟子言万物皆备于我,须反身而诚,乃为大乐。若反身未诚,则犹是二物有对,以己合彼,终未有之,又安得乐?必有事焉而勿正,心勿忘,勿助长,未尝致纤毫之力,此其存之之道。若存得便含有得,盖良知良能元不丧失,以昔日习心未除,故须存习此心,久则可夺旧习。”又曰:“性与天道,非自得者不知,有安排布置者,皆非自得。”

>>> 程颢像

结论

明道学说，其精义，始终一贯，自成系统，其大端本于孟子，而以其所心得补正而发挥之。其言善恶也，取中节不中节之义，与王荆公同。其言仁也，谓合于自然生生之理，而融自爱他爱为一义。其言修为也，唯主涵养心性，而不取防检穷索之法。可谓有乐道之趣，而无拘墟之见者矣。

明道学说，其精义，始终一贯，自成系统，其大端本于孟子，而以其所心得补正而发挥之。其言善恶也，取中节不中节之义，与王荆公同。其言仁也，谓合于自然生生之理，而融自爱他爱为一义。其言修为也，唯主涵养心性，而不取防检穷索之法。可谓有乐道之趣，而无拘墟之见者矣。

第七章　程伊川

小传

程伊川，名颐，字正叔，明道之弟也。少明道一岁。年十七，尝伏阙上书，其后屡被举，不就。哲宗时，擢为崇政殿说书，以严正见惮，见劾而罢。徽宗时，被邪说诐行惑乱众听之谤，下河南府推究。逐学徒，隶党籍。大观元年卒，年七十五。其学说见于《易传》及语录。

伊川与明道之异同

伊川与明道，虽为兄弟，而明道温厚，伊川严正，其性质皎然不同，故其所持之主义，遂不能一致。虽其间互通之学说甚多，而揭其特具之见较之，则显为二派。如明道以性即气，而伊川则以性即理，又特严理气之辨。明道主忘内外，而伊川特重寡欲。明道重自得，而伊川尚穷理。盖明道者，粹然孟子学派；伊川者，虽亦依违孟学，而实荀子之学派也。其后由明道而递演之，则为象山、阳明；由伊川而递演之，则为晦庵。所谓学焉而各得其性之所近者也。

心兮本虚，应物无迹。操之有要，视为之则。蔽交于前，其中则迁。制之于外，以安其内。克己复礼，久而诚矣。

视箴

人有秉彝，本乎天性。知诱物化，遂亡其正。卓彼先觉，知止有定。闲邪存诚，非礼勿听。

听箴

人心之动，因言以宣。发禁躁妄，内斯静专。矧是枢机，兴戎出好，吉凶荣辱，惟其所召。伤易则诞，伤烦则支。己肆物忤，出悖来违。非法不道，钦哉训辞。

言箴

哲人知几，诚之于思；志士励行，守之于为。顺理则裕，从欲惟危。造次克念，战兢自持。习与性成，圣贤同归。

动箴

八大山人书

>>> 八大山人书程颐句

理气与性才之关系

伊川亦主孟子性中有善之说，而归其恶之源于才。

伊川亦主孟子性中有善之说，而归其恶之源于才。故曰：“性出于天，才出于气，气清则才清，气浊则才浊。才则有不善，性则无不善。”又曰：“性无不善，而有不善者，才也。性即是理，理则自尧舜至于途人，一也。才禀于气，气有清浊。禀其清者为贤，禀其浊者为愚。”其大意与横渠言天地之性、气质之性相类，唯名号不同耳。

心

伊川以心与性为一致。

伊川以心与性为一致。故曰：“在天为命，在义为理，在人为性，主于身为心。”其言性也，曰：“性即理，所谓理性是也。天下之理，原无不善。喜怒哀乐之未发，何尝不善？发而中节，往往无不善；发而不中节，然后为不善。”是以性为喜怒哀乐未发之境也。其言心也，曰：“冲漠无朕，万象森然已具，未应不是先，已应不是后，如百尺之木，自根本至枝叶，无一不贯。”或问以赤子之心为已发，是否？曰：“已发而去道未远。”曰：“大人不失赤子之心若何？”曰：“取其纯一而近道。”曰：“赤子之心，与圣人之心若何？”曰：“圣人之心，如明镜止水。”是亦以喜怒哀乐未发之境为心之本体也。

养气寡欲

伊川以心性本无所谓不善，乃喜怒哀乐之发而不中节，始有不善。

伊川以心性本无所谓不善，乃喜怒哀乐之发而不中节，始有不善。其所以发而不中节之故，则由其气禀之浊而多欲。故曰：“孟子所以养气者，养之至则清明纯全，昏塞之患去。”或曰养心，或云养气，何耶？曰：“养心者无害而已，养气者在有帅。”又言养气之道在寡欲，曰：“致知在所养，养知莫过寡欲二字。”其所言养气，已与《孟子》同名而异实，及依违《大学》，则又易之以养知，是皆迁就古书文词之故。至其本意，则不过谓寡欲则可以易气之浊者而为清，而渐达于明镜止水之境也。

敬与义

明道以敬为修为之法，伊川同之，而又本《易传》敬以直内、义以方外之语，于敬之外，尤注重集义。曰："敬只是持己之道，义便知有是有非。从理而行，是义也。若只守一个之敬，而不知集义，却是都无事。且如欲为孝，不成只守一个孝字而已，须是知所以为孝之道，当如何奉侍，当如何温清，然后能尽孝道。"

明道以敬为修为之法，伊川同之，而又本《易传》敬以直内、义以方外之语，于敬之外，尤注重集义。

穷理

伊川所言集义，即谓实践伦理之经验，而假孟子之言以名之。其自为说者，名之曰穷理。而又条举三法：一曰读书，讲明义理；二曰论古今之物，分其是非；三曰应事物而处其当。又分智为二种，而排斥闻见之智，曰："闻见之智，非德性之智，物交物而知之，非内也，今之所谓博物多能者是也。德性之智，不借闻见。"其意盖以读书论古应事而资以清明德性者，为德性之智。其专门之考古学历史经济家，则斥为闻见之智也。

知与行

伊川又言须是识在行之先。譬如行路，须得先照。又谓勉强合道而行动者，决不能永续。人性本善，循理而行，顺也。是故烛理明则自然乐于循理而行动，是为知行合一说之权舆。

伊川又言须是识在行之先。

“二程”塑像

结论

伊川学说，盖注重于实践一方面。故于命理心性之属，仅以异名同实之义应付之。而于恶之所由来，曰才，曰气，曰欲，亦不复详为之分析。至于修为之法，则较前人为详，而为朱学所自出也。

伊川学说，盖注重于实践一方面。故于命理心性之属，仅以异名同实之义应付之。而于恶之所由来，曰才，曰气，曰欲，亦不复详为之分析。至于修为之法，则较前人为详，而为朱学所自出也。

第八章　程门大弟子

程门弟子

历事二程者为多，而各得其性之所近。其间特性最著，而特有影响于后学者，为谢上蔡、杨龟山二人。上蔡毗于尊德性，绍明道而启象山。龟山毗于道问学，述伊川而递传以至考亭者也。

上蔡小传

谢上蔡，名良佐，字显道，寿州上蔡人。初务记问，夸该博。及事明道，明道曰："贤所记何多，抑可谓玩物丧志耶？"上蔡赧然。明道曰："是即恻隐之心也。"因劝以无徒学言语，而静坐修炼。上蔡以元丰元年登进士第，其后历官州郡。徽宗时，坐口语，废为庶民。著《论语说》，其语录三篇，则朱晦庵所辑也。

其学说

上蔡以仁为心之本体，曰："心者何，仁而已。"又曰："人心著，与天地一般，只为私意自小，任理因物而已无与焉者，天而已。"于是言致力之德，曰穷理，曰持敬。其言穷理也，曰："物物皆有理，穷理则知天之所为，知天之所为，则与天为一，穷理之至，自然不勉而中，不思而得，从容中道。”词理必物物而穷之与？曰："必穷其大者，理一而已，一处理穷，则触处皆是。恕其穷理之本与？”其言致敬也，曰："近道莫若静，斋戒以神明其德，天下之至静也。”又曰："敬者是常惺惺而法心斋。”

龟山小传

杨龟山，名时，字中立，南剑将乐人。熙宁元年，举进士，后历官州郡及侍讲。绍兴五年卒，年八十三。龟山初事明道，明道殁，事伊川，二程皆甚重之。尝读横渠《西铭》，而疑其近于兼爱，及闻伊川理一分殊之辨而豁然。其学说见于《龟山集》及其语录。

其学说

龟山言人生之准的在圣人，而其致力也，在致知格物。

龟山言人生之准的在圣人，而其致力也，在致知格物。曰："学者以致知格物为先，知未至，虽欲择言而固执之，未必当于道也。鼎镬陷阱之不可蹈，人皆知之，而世人亦无敢蹈之者，知之审也。致身下流，天下之恶皆归之，与鼎镬陷阱何异？而或蹈之而不避者，未真知之也。若真知为不善，如蹈鼎镬陷阱，则谁为不善耶？”是其说近于经验论。然彼所谓经验者，乃在研求六经。故曰："六经者，圣人之微言，道之所存也。道之深奥，虽不可以言传，而欲求圣贤之所以为圣贤者，舍六经于何求之？学者当精思之，力行之，默会于意言之表，则庶几矣。”

结论

上蔡之言穷理，龟山之言格致，其意略同。而上蔡以恕为穷理之本，龟山以研究六经为格致之主，是显有主观、客观之别，是即二程之异点，而亦朱、陆学派之所由差别也。

第九章　朱晦庵

小传

龟山一传而为罗豫章，再传而为李延平，三传而为朱晦庵。伊川之学派，于是大成焉。晦庵名熹，字元晦，一字仲晦，晦庵其自号也。其先徽州婺源人，父松，为尤溪尉，寓溪南，生熹。晚迁建阳之考亭。年十八，登进士，其后历主簿提举及提点刑狱等官，及历奉外祠。虽屡以伪学被劾，而进习不辍。庆元六年卒，年七十一。高宗谥之曰文。理宗之世，追封信国公。门人黄幹状其行曰："其色庄，其言厉，其行舒而恭，其坐端而直。其闲居也，未明而起，深衣幅巾方履，拜家庙以及先圣。退而坐书室，案必正，书籍器用必整。其饮食也，羹食行列有定位，匙箸举措有定所。倦而休也，瞑目端坐。休而起也，整步徐行。中夜而寝，寤则拥衾而坐，或至达旦。威仪容止之则，自少至老，祁寒盛暑，造次颠沛，未尝须臾离也。"著书甚多，如大学、中庸章句或问，《论语集注》，《孟子集注》，《易本义》、《诗集传》，《太极图解》，《通书解》，《正蒙解》，《近思录》，及其文集、语录，皆有关于伦理学说者也。

理气

晦庵本伊川理气之辨，而以理当濂溪之太极。

晦庵本伊川理气之辨，而以理当濂溪之太极，故曰：由其横于万物之深底而见时，曰太极。由其与气相对而见时，曰理。又以

>>> 朱熹塑像

形上、形下为理气之别，而谓其不可以时之前后论。曰："理者，形而上之道，所以生万物之原理也。气者，形而下之器，率理而铸型之质料也。"又曰："理非别为一物而存，存于气之中而已。"又曰："有此理便有此气。"但理是本，于是又取横渠理一分殊之义，以为理一而气殊。曰万物统一于太极，而物物各具一太极。曰："物物虽各有理，而总只是一理。"曰：理虽无差别，而气有种种之别，有清爽者，有昏浊者，难以一一枚举。曰：此即万物之所以差别，然一一无不有太极，其状即如宝珠之在水中。在圣贤之中，如在清水中，其精光自然发现。其在至愚不肖之中，如在浊水中，非澄去泥沙，其光不可见也。

性

由理气之辨，而演绎之以言性，于是取横渠之说，而立本然之性与气质之性之别。本然之性，纯理也，无差别者也。气质之性，则因所禀之气之清浊，而不能无偏。乃又本汉儒五行五德相配之说，以证明之。曰："得木气重者，恻隐之心常多，而羞恶辞让是非之心，为之塞而不得发。得金气重者，羞恶之心常多，而恻隐辞让是非之心，为之塞而不得发。火、水亦然。故气质之性完全者，与阴阳合德，五性全备而中正，圣人是也。"然彼又以本然之性与气质之性密接，故曰："气质之心，虽是形体，然无形质，则本然之性无所以安置自己之地位，如一勺之水，非有物盛之，则水无所归著。"是以论气质之性，势不得不杂理与气言之。

由理气之辨，而演绎之以言性，于是取横渠之说，而立本然之性与气质之性之别。

心情欲

伊川曰："在人为性，主于身为心。"晦庵亦取其义，而又取横渠之义以心为性情之统名，故曰：“心，统性情者也。由心之方面见之，心者，寂然不动。由情之方面见之，感而遂动。”又曰：“心之未动时，性也。心之已动时，情也。欲是由情发来者，而欲有善恶。”又曰：“心如水，性犹水之静，情则水之流，欲则水之波澜，但波澜有好底，有不好底。如我欲仁，是欲之好底。欲之不好底，则一向奔驰出去，若波涛翻浪。如是，则情为性之附属物，而欲则又为情之附属物。”故彼以恻隐等四端为性，以喜怒等七者为情，而谓七情由四端发，如哀惧发自恻隐，怒恶发自羞恶之类，然又谓不可分七情以配四端，七情自贯通四端云。

人心道心

既以心为性情之统名，则心之有理气两方面，与性同。于是引以说古书之道心人心，以发于理者为道心，而发于气者为人心。

既以心为性情之统名，则心之有理气两方面，与性同。于是引以说古书之道心人心，以发于理者为道心，而发于气者为人心。故曰：“道心是义理上发出来底，人心是人身上发出来底。虽圣人不能无人心，如饥食渴饮之类。虽小人不能无道心，如恻隐之心是。”又谓圣人之教，在以道心为一身之主宰，使人心屈从其命令。如人心者，决不得灭却，亦不可灭却者也。

穷理

晦庵言修为之法，第一在穷理，穷理即大学所谓格物致知也。

晦庵言修为之法，第一在穷理，穷理即大学所谓格物致知也。故曰：“格物十事，格得其九通透，即一事未通透，不妨。一事只格得九分，一分不通透，最不可，须穷到十分处。”至其言穷理之法，则全在读书。于是言读书之法曰：“读书之法，在循序而渐进。熟读而精思。字求其训，句索其旨。未得于前，则不敢求其后，未通乎此，则不敢志乎彼。先须熟读，使其言皆若出于吾之口，继以精思，使其意皆若出于吾心。”

养心

至其言养心之法，曰，存夜气。本于孟子。谓夜气静时，即良心有光明之时，若当吾思念义理观察人伦之时，则夜气自然增长，良心愈放其光明来，于是辅之以静坐。静坐之说，本于李延平。延平言道理须是日中理会，夜里却去静坐思量，方始有得。其说本与存夜气相表里，故晦庵取之，而又为之界说曰：“静坐非如坐禅入定，断绝思虑，只收敛此心，使毋走于烦思虑而已。此心湛然无事，自然专心，及其有事，随事应事，事已时复湛然。”由是又本程氏主一为敬之义而言专心，曰：“心一有所用，则心有所主，只看如今。才读书，则心便主于读书；才写字，则心便主于写字。若是悠悠荡荡，未有不入于邪僻者。”

至其言养心之法，曰，存夜气。

结论

宋之有晦庵，犹周之有孔子，皆吾族道德之集成者也。孔子以前，道德之理想，表著于言行而已。至孔子而始演述为学说。孔子以后，道德之学说，虽亦号折衷孔子，而尚在乍离乍合之间。至晦庵而始以其所见之孔教，整齐而厘订之，使有一定之范围。盖孔子之道，在董仲舒时代，不过具有宗教之形式。而至朱晦庵时代，始确立宗教之威权也。晦庵学术，近以横渠、伊川为本，而附益之以濂溪、明道。远以荀卿为本，而用语则多取孟子。于是用以训释孔子之言，而成立有宋以后之孔教。彼于孔子以前之说，务以诂训沟通之，使无与孔教有所龃龉；于孔子以后之学说若人物，则一以孔教进退之。彼其研究之勤，著述之富，徒党之众，既为自昔儒者所

至晦庵而始以其所见之孔教，整齐而厘订之，使有一定之范围。

不及，而其为说也，矫恶过于乐善，方外过于直内，独断过于怀疑，拘名义过于得实理，尊秩序过于求均衡，尚保守过于求革新，现在之和平过于未来之希望。此为古昔北方思想之嫡嗣，与吾族大多数之习惯性相投合，而尤便于有权势者之所利用，此其所以得凭借科举之势力而盛行于明以后也。

第十章　陆象山

故当朱学成立之始，而有陆象山；当朱学盛行之后，而有王阳明。

儒家之言，至朱晦庵而凝成为宗教，既具论于前章矣。顾世界之事，常不能有独而无对。故当朱学成立之始，而有陆象山；当朱学盛行之后，而有王阳明。虽其得社会信用不及朱学之悠久，而当其发展之时，其势几足以倾朱学而有余焉。大抵朱学毗于横渠、伊川，而陆、王毗于濂溪、明道；朱学毗于荀，陆、王毗于孟。以周季之思潮比例之，朱学纯然为北方思想，而陆、王则毗于南方思想者也。

小传

陆象山，名九渊，字子静，自号存斋，金豀人。父名贺，象山其季子也。乾道八年，登进士第，历官至知荆门军。以绍熙三年卒，年五十四。嘉定十年，赐谥文安。象山三四岁时，尝问其父，天地何所穷际。及总角，闻人诵伊川之语，若被伤者，曰："伊川之言，何其不类孔子、孟子耶？"读古书至宇宙二字，解曰："四方上下为宇，往古来今曰宙。"忽大省，曰："宇宙内之事，乃己分内事，己分内之事，乃宇宙内事。"又曰："宇宙即是吾心，吾心即是宇宙。东海有圣人出，此心同，此理同焉。西海有圣人出，此心同，此理同焉。南海、北海有圣人出，此心同，此理同焉。千百世之上，有圣人出，此心同，此理同焉。千百世之下，有圣人出，此心同，此理同焉。”淳熙间，自京师归，学者甚盛，每诣城邑，环坐二三百人，至不能容。寻结茅象山，学徒大集，案籍逾数千人。或劝著书，象山曰：“六经注我，我注六经。”又曰：“学苟知道，则六经皆我注脚也。”所著有《象山集》。

朱陆之论争

自朱、陆异派，及门互相诋諆。淳熙二年，东莱集江浙诸友于信州鹅湖寺以决之，既莅会，象山、晦庵互相辩难，连日不能决。晦庵曰：“人各有所见，不如取决于后世。”其后彼此通书，又互有冲突。其间关于太极图说者，大抵名义之异同，无关宏旨。至于伦理学说之异同，则晦庵之见，以为象山尊心，乃禅家余派，学者当先求圣贤之遗言于书中。而修身之法，自洒扫应对始。象山则以晦庵之学为逐末，以为学问之道，不在外而在内，不在古人之文字而在其精神，故尝诘晦庵以尧舜曾读何书焉。

至于伦理学说之异同，则晦庵之见，以为象山尊心，乃禅家余派，学者当先求圣贤之遗言于书中。而修身之法，自洒扫应对始。象山则以晦庵之学为逐末，以为学问之道，不在外而在内，不在古人之文字而在其精神，故尝诘晦庵以尧舜曾读何书焉。

心即理

象山不认有天理人欲与道心人心之别，故曰：“心即理。”又曰：“心一也，人安有二心。”又曰：“天理人欲之分，论极有病，自《礼记》有此言，而后人袭之，记曰，人生而静，天之性也，感于物而动，性之欲也。若是，则动亦是，静亦是，岂有天理人欲之分？动若不是，则静亦不是，岂有动静之间哉？”彼以以古书有人心唯危、道心唯微之语，则为之说曰：“自人而言则曰唯危，自道而言则曰唯微。如其说，则古书之言，亦不过由两旁面而观察之，非真有二心也。”又曰：“心一理也，理亦一理也，至当归一，精义无二，此心此理，不容有二。”又曰：“孟子所谓不虑而知者，其良知也，不学而能者，其良能也，我固有之，非由外铄我也。”

纯粹之唯心论

象山以心即理，而其言宇宙也。

象山以心即理，而其言宇宙也，则曰：塞宇宙一理耳。又曰，万物皆备于我，只要明理而已，然则宇宙即理，理即心，皆一而非二也。

气质与私欲

象山既不认有理欲之别，而其说时亦有蹈袭前儒者。曰：“气质偏弱，则耳目之官，不思而蔽于物，物交物则引之而已矣。由是向之所谓忠信者，流而放辟邪侈，而不能自反矣。当是时，其心之所主，无非物欲而已矣。”又曰：“气有所蒙，物有所蔽，势有所迁，习有所移，往而不返，迷而不解，于是为愚为不肖，于彝伦则斁，于天命则悖。”又曰：“人之病道者二，一资，二渐习。”然宇宙一理，则必无不善，而何以有此不善之资及渐习，象山固未暇研究也。

思

象山进而论修为之方，则尊思。

象山进而论修为之方，则尊思。曰：“义理之在人心，实天之所与而不可泯灭者也。彼其受蔽于物，而至于悖理违义，盖亦弗思焉耳。诚能反而思之，则是非取舍，盖有隐然而动，判然而明，决然而无疑者矣。”又曰：“学问之功，切磋之始，必有自疑之兆，及其至也，必有自克之实。”

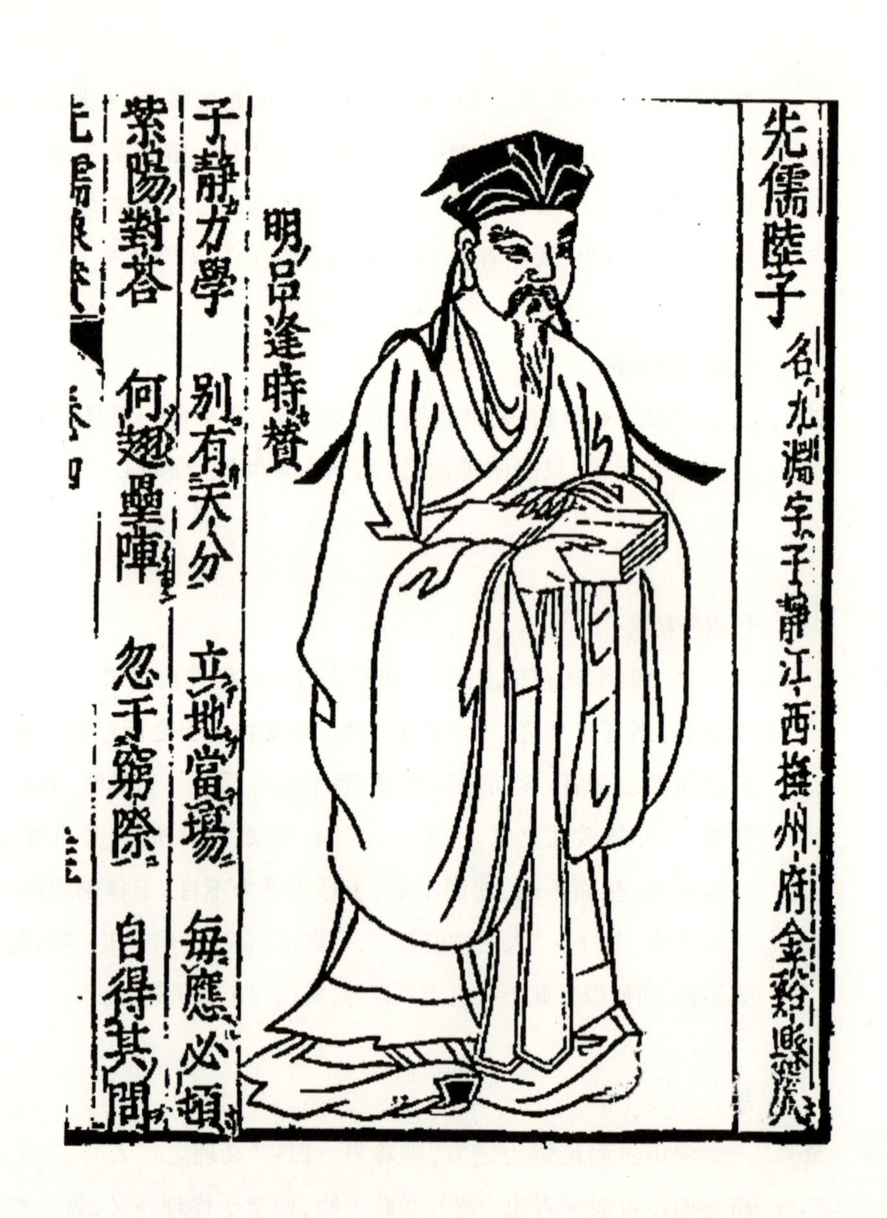
先儒陸子
名九淵字子靜江西撫州府金谿縣人
明呂逢時贊
子靜力學 別有天分 立地當場 無應必頓
紫陽對答 何趣壘障 忽于窮際 自得其間

>>> 陆九渊像

先立其大

然则所思者何在？曰：“人当先理会所以为人，深思痛省，枉自汩没，虚过日月，朋友讲学，未说到这里，若不知人之所以为人，而与之讲学，遗其大而言其细，便是放饭流歠而问无齿决。若能知其大，虽轻，自然反轻归厚，因举一人恣情纵欲，一旦知尊德乐道，便明白洁直。”又曰：“近有议吾者：曰：‘除了先立乎其大者一句，无伎俩。’吾闻之，曰：诚然。又曰：凡物必有本末，吾之教人，大概使其本常重，不为末所累。”

诚

象山于实践方面，则揭一诚字。

象山于实践方面，则揭一诚字。尝曰：“古人皆明实理做实事。”又曰：“呜呼！循顶至踵，皆父母之遗骸，俯仰天地之间，惧不能朝夕求寡愧怍，亦得与闻于孟子所谓塞天地吾夫子人为贵之说与？”又引《中庸》之言以证明之曰：“诚者非自成已而已也，所以成物也。成己仁也，成物知也，性之德也，合外内之道也。”

结论

其思想之自由，工夫之简易，人生观之平等，使学者无墨守古书拘牵末节之失，而自求进步，诚有足多者焉。

象山理论既以心理与宇宙为一，而又言气质，言物欲，又不研究其所由来，于不知不觉之间，由一元论而蜕为二元论，与孟子同病，亦由其所注意者，全在积极一方面故也。其思想之自由，工夫之简易，人生观之平等，使学者无墨守古书拘牵末节之失，而自求进步，诚有足多者焉。

第十一章　杨慈湖

象山谓塞宇宙一理耳，然宇宙之观象，不赘一词。得慈湖之说，而宇宙即理之说益明。

小传

杨慈湖，名简，字敬中，慈溪人。乾道五年，第进士，调当阳主簿，寻历诸官，以大中大夫致仕。宝庆二年卒，年八十六，谥文元。慈湖官当阳时，始遇象山。象山数提本心二字，慈湖问何谓本心？象山曰："君今日所听者扇讼，扇讼者必有一是一非，若见得孰者为非，即决定某甲为是，某甲为非，非本心而何？"慈湖闻之，忽觉其心澄然清明，亟问曰："如是而已乎？"象山厉声答曰："更有何者？"慈湖退而拱坐达旦，质明，纳拜，称弟子焉。慈湖所著有《己易》、《启蔽》二书。

己易

慈湖著《己易》，以为宇宙不外乎我心，故宇宙现象之变化，不外乎我心之变化。故曰："易者己也，非他也。以易为书，不以易为己不可也。以易为天地之变化，不以易为己之变化，不可也。天地者，我之天地；变化者，我之变化，非他物也。"又曰："吾之性，澄然清明而非物；吾之性，洞然无际而非量。天者，吾性之象；地者，吾性中之形。"故曰："在天成象，在地成形，皆我所为也。混融无内外，贯通无异种。"又曰："天地之心，果可得而见乎？果不可得而见乎？果动乎？果未动乎？特未察之而已。似动而未尝移，似变而未尝改，不改不移，谓之寂然不动可也，谓之无思虑可也，谓之

慈湖著《己易》，以为宇宙不外乎我心，故宇宙现象之变化，不外乎我心之变化。

不病而速不行而至可也，是天下之动也，是天下之至赜也。”又曰：“吾未见天地人之有三也，三者形也，一者性也，亦曰道也，又曰易也，名言之不用，而其实一体也。”

结论

象山谓宇宙内事即己分内事，其所见固与慈湖同。唯象山之说，多就伦理方面指点，不甚注意于宇宙论。慈湖之说，足以补象山之所未及矣。

慈湖之说，足以补象山之所未及矣。

第十二章　王阳明

陆学自慈湖以后，几无传人。而朱学则自季宋，而元，而明，流行益广，其间亦复名儒辈出。而其学说，则无甚创见，其他循声附和者，率不免流于支离烦琐。而重以科举之招，益滋言行凿枘之弊。物极则反，明之中叶，王阳明出，中兴陆学，而思想界之气象又一新焉。

物极则反，明之中叶，王阳明出，中兴陆学，而思想界之气象又一新焉。

小传

王阳明，名守仁，字伯安，余姚人。少年尝筑堂于会稽山之洞中，其后门人为建阳明书院于绍兴，故以阳明称焉。阳明以弘治十二年中进士，尝平漳南横水诸寇，破叛藩宸濠，平广西叛蛮，历官至左都御史，封新建伯。嘉靖七年卒，年五十七。隆庆中，赠新建侯，谥文成。阳明天资绝人，年十八，谒娄一斋，慨然为圣人可学而至。尝遍读考亭之书，循序格物，终觉心物判而为二，不得入，于是出入于佛老之间。武宗时，被谪为贵州龙场驿丞，其地在万山丛树之中，蛇虺魍魉虫毒瘴疠之所萃，备尝辛苦，动心忍性。因念圣人处此，更有何道。遂悟格物致知之旨，以为圣人之道，吾性自足，不假外求。自是遂尽去枝叶，一意本原焉。所著有《阳明全集》、《阳明全书》。

所著有《阳明全集》、《阳明全书》。

心即理

心即理，象山之说也。阳明更疏通而证明之曰："理一而已。以其理之凝聚言之谓之性，以其凝聚之主宰言之谓之心，以其主宰之发动言之谓之意，以其发动之明觉言之谓之知，以其明觉之感应言之谓之物。故就物而言之谓之格，就知而言之谓之致，就意而言之谓之诚，就心而言之谓之正。正者正此心也，诚者诚此心也，致者致此心也，格者格此心也，皆谓穷理以尽性也。天下无性外之理，无性外之物。学之不明，皆由世之儒者认心为外，认物为外，而不知义内之说也。"

知行合一

朱学泥于循序渐进之义，曰必先求圣贤之言于遗书。曰自洒扫应对进退始。其弊也，使人迟疑观望，而不敢勇于进取。阳明于是矫之以知行合一之说。曰："知是行之始，行是知之成，知外无行，行外无知。"又曰："知之真切笃实处便是行，行之明觉精密处便是知。若行不能明觉精密，便是冥行，便是'学而不思则罔'；若知不能真切笃实，便是妄想，便是'思而不学则殆'。"又曰："《大学》言如好好色，见好色属知，好好色属行。见色时即是好，非见而后立志去好也。今人却谓必先知而后行，且讲习讨论以求知。俟知得真时，去行，故遂终身不行，亦遂终身不知。”盖阳明之所谓知，专以德性之智言之，与寻常所谓知识不同；而其所谓行，则就动机言之，如大学之所谓意。然则即知即行，良非虚言也。

致良知

阳明心理合一，而以孟子之所谓良知代表之。

阳明心理合一，而以孟子之所谓良知代表之。又主知行合一，而以《大学》之所谓致知代表之。于是合而言之，曰致良知。其言良知也，曰："天命之性，粹然至善，其灵明不昧者，皆其至善之发见，乃明德之本体，而所谓良知者也。"又曰："未发之中，即良知也。无前后内外，而浑然一体者也。"又曰："虽妄念之发，而良知未尝不在；虽昏塞之极，而良知未尝不明。"于是进而言致知，则包诚意格物而言之，曰："今欲别善恶以诚其意，唯在致其良知之所知焉尔。何则？意念之发，吾心之良知，既知其为善矣，使其不能诚有以好之，而复背而去之，则是以善为恶，自昧其知善之良知矣。意念之所发，吾之良知，既知其为不善矣，使其不能诚有以恶之，而复蹈而为之，则是以恶为善，而自昧其知恶之良知矣。若是，则虽曰知之，犹不知也。意其可得而诚乎？今于良知所知之善恶者，无不诚好而诚恶之，则不自欺其良知而意可诚矣。"又曰："于其良知所知之善者，即其意之所在之物而实为之，无有乎不尽。于其良知所知之恶者，即其意之所在之物而实去之，无有乎不尽。然后物无不格，而吾良知之所知者，吾有亏缺障蔽，而得以极其至矣。"是其说，统格物诚意于致知，而不外乎知行合一之义也。

是其说，统格物诚意于致知，而不外乎知行合一之义也。

仁

阳明之言良知也，曰："人的良知，就是草木瓦石的良知。若草木瓦石无人的良知,不可以为草木瓦石矣。岂唯草木瓦石为然,天地无人的良知,亦不可以为天地矣。”是即心理合一之义,谓宇宙即良知也。于是言其致良知之极功,亦必普及宇宙,阳明以仁字代表之。曰:“是故见孺子之入井,而必有怵惕恻隐之心焉,是其仁之与孺子而为一体也;孺子犹同类者也,见鸟兽之哀鸣觳觫而必有不忍之心焉,是其仁之与鸟兽而为一体也;鸟兽犹有知觉者也,见草木之摧折,而必有悯惜之心焉,是其仁之与草木而为一体也;草木犹有生意者也,见瓦石之毁坏,而必有顾惜之心焉,是其仁之与瓦石而为一体也。是其一体之仁也。虽小人之心,亦必有之。是本根于天命之性,而自然灵昭不昧者也。”又曰:“故明明德,必在于亲民,而亲民乃所以明其明德也。是故亲吾之父,以及人之父,以及天下人之父,而后吾之仁实与吾之父、人之父与天下人之父而为一体矣。实与之为一体,而后孝之明德始明矣。亲吾兄,以及人之兄,以及天下人之兄,而后吾之仁,实与吾之兄、人之兄与天下人之兄而为一体矣。实与之为一体,而后弟之明德始明矣。君臣也,夫妇也,朋友也,以至于山川鬼神草木鸟兽也,莫不实有以亲之,以达吾一体之仁,然后吾之明德始无不明,而真能以天地万物为一体矣。”

结论

阳明以至敏之天才,至富之阅历,至深之研究,由博返约,直指本原,排斥一切拘牵文义区画阶级之习,发挥陆氏心理一致之义,而辅以知行合一之说。孔子所谓我欲仁斯仁至,孟子所谓人皆可以为尧舜焉者,得阳明之说而其理益明。虽其依违古书之文字,针对末学之弊习,所揭言说,不必尽合于论理,然彼所注意者,本

阳明以至敏之天才,至富之阅历,至深之研究,由博返约,直指本原,排斥一切拘牵文义区画阶级之习,发挥陆氏心理一致之义,而辅以知行合一之说。

不在是。苟寻其本义，则其所以矫朱学末流之弊，促思想之自由，而励实践之勇气者，其功固昭然不可掩也。

第三期　结论

自宋及明，名儒辈出，以学说鰓理之，朱、陆两派之舞台而已。濂溪、横渠，开二程之先，由明道历上蔡而递演之，于是有象山学派；由伊川历龟山而递演之，于是有晦庵学派。

自宋及明，名儒辈出，以学说鰓理之，朱、陆两派之舞台而已。濂溪、横渠，开二程之先，由明道历上蔡而递演之，于是有象山学派；由伊川历龟山而递演之，于是有晦庵学派。象山之学，得阳明而益光大；晦庵之学，则薪传虽不绝，而未有能扩张其范围者也。朱学近于经验论，而其所谓经验者，不在事实，而在古书，故其末流，不免依傍圣贤而流于独断。陆学近乎师心，而以其不胶成见，又常持物我同体知行合一之义，乃转有以通情而达理，故常足以救朱学末流之弊也。唯陆学以思想自由之故，不免轶出本教之范围。如阳明之后，有王龙溪一派，遂昌言禅悦，递传而至李卓吾，则遂公言不以孔子之是非为是非，而卒遘焚书杀身之祸。自是陆、王之学，益为反对派所诟病，以其与吾族尊古之习惯不相投也。朱学逊言谨行，确守宗教之范围，而于其范围中，尤注重于为下不悖之义，故常有以自全。然自本朝有讲学之禁，而学者社会，亦颇倦于搬运文学之性理学，于是遁而为考据。其实仍朱学尊经笃古之流派，唯益缩其范围，而专研诂训名物。又推崇汉儒，以傲宋明诸儒之空疏，益无新思想之发展，而与伦理学无关矣。阳明以后，唯戴东原，咨嗟于宋学流弊生心害政，而发挥孟子之说以纠之，不愧为一思想家。其他若黄梨洲，若俞理初，则于实践伦理一方面，亦有取蕴蕴已久之古义而发明之者，故叙其概于下。

>>> 王阳明手迹

附录

东原之特识，在窥破宋学流弊，而又能以论理学之方式证明之。

戴东原学说

戴东原

名震，休宁人。卒于乾隆四十二年，年五十五。其所著书关于伦理学者，有《原善》及《孟子字义疏证》。

其学说

东原之特识，在窥破宋学流弊，而又能以论理学之方式证明之。

东原之特识，在窥破宋学流弊，而又能以论理学之方式证明之。其言曰："六经孔孟之言，以及传记群籍，理字不多见。今虽至愚之人，悖戾恣睢，其处断一事，责诘一人，莫不辄曰理者。自宋以来，始相习成俗，则以理为如有物焉。得于天而具于心，因以心之意见当之也。于是负其气，挟其势位，加以口给者，理伸；力弱气慑，口不能道辞者，理屈。"又曰："自宋儒立理欲之辨，谓不出于理，则出于欲，不出于欲，则出于理。于是虽视人之饥寒号呼男女哀怨以至垂死冀生，无非人欲。空指一绝情欲之感，为天理之本然，存之于心，及其应事，幸而偶中，非曲体事情求如此以安之也。

>>> 戴东原像

不幸而事情未明，执其意见，方自信天理非人欲，而小之一人受其祸，大之天下国家受其祸。”又曰：“今之治人者，视古圣贤体民之情，遂民之欲，多出于鄙细隐曲，不措诸意，不足为怪，而及其责以理也，不难举旷世之高节，著于义而罪之。尊者以理责卑，长者以理责幼，贵者以理责贱，虽失谓之顺。卑者、幼者、贱者以理争之，虽得谓之逆。于是下之人，不能以天下之同情天下所同欲达之于上，上以理责其下，而在下之罪，人人不胜指数。人死于法，犹有怜之者；死于理，其谁怜之！”又曰：“理欲之辨立，举凡饥寒愁怨饮食男女常情隐曲之感，则名之曰人欲。故终身见欲之难制，且自信不出于欲，则思无愧怍，意见所非，则谓其人自绝于理。”又曰：“既截然分理欲为二，治己以不出于欲为理，治人亦必以不出于欲为理。举凡民之饥寒愁怨饮食男女常情隐曲之感，咸视为人欲之甚轻者矣。轻其所轻，乃吾重天理也，公义也。言虽美而用之治人则祸其人。至于下以欺伪应乎上，则曰人之不善，此理欲之辨，适以穷天下之人，尽转移为欺伪之人，为祸何可胜言也哉！”其言可谓深切而著明矣。

其言可谓深切而著明矣。

至其建设一方面，则以孟子为本，而博引孟子以前之古书佐证之。

至其建设一方面，则以孟子为本，而博引孟子以前之古书佐证之。其大旨，谓天道者，阴阳五行也。人之生也，分于阴阳五行以为性，是以有血气心知，有血气，是以有欲，有心知，是以有情有知。给于欲者，声色臭味也，而因有爱畏。发乎情者，喜怒哀乐也，而因有惨舒。辨于知者，美丑是非也，而因有好恶。是东原以欲、情、知三者为性之原质也。然则善恶何自而起？东原之意，在天以生生为道，在人亦然。仁者，生生之德也。是故在欲则专欲为恶，同欲为善。在情则过不及为恶，中节为善。而其条理则得之于知。故曰：“人之生也，莫病于无以遂其生，欲遂其生，亦遂人之生，仁也。欲遂其生，至于戕贼人之生而不顾者，不仁也。不仁实始于欲遂其生之心，使其无此欲，必无不仁矣。然使其无此欲，则于天下之人生道始促，亦将漠然视之，己不必遂其生，其遂人之生，无是情也。"又曰："在己与人，皆谓之情，无过情无不及情之谓理。理者，情之不爽失也，未有情不得而理得者。凡有所施于人，反躬而静思之，人以此施于我，能受之乎？凡有所责于人，反躬而静思之，人以此责于我，能尽之乎？以我絜之人，则理明。"又曰："生养之道，存乎欲者也。感通之道，存乎情者也。二者自然之符，天下之事举矣。尽善恶之极致，存乎巧者也，宰御之权，由斯而出。尽是非之极致，存乎智者也，贤圣之德，由斯而备。二者亦自然之符，精之以底于必然，天下之能举矣。"又曰："有是身，故有声色臭味之欲。有是身，而君臣父子夫妇昆弟朋友之伦具，故有喜怒哀乐之情。唯有欲有情而又有知，然后欲得遂也，情得达也。天下之事，使欲之得遂，情之得达，斯已矣。唯人之知，小之能尽美丑之极致，大之能尽是非之极致，然后遂己之欲者，广之能遂人之欲；达己之情者，广之能达人之情。道德之盛，使人之欲无不遂，人之情无不达，斯已矣。"

凡东原学说之优点有三：1. 心理之分析。自昔儒者，多言性情之关系，而情欲之别，殆不甚措意，于知亦然。东原始以欲、情、知三者为性之原质，与西洋心理学家分心之能力为意志、感情、知识三部者同。其于知之中又分巧、智两种，则亦美学、哲学不同之理也。2. 情欲之制限。王荆公、程明道，皆以善恶为即情之中节与否，而于中节之标准何在，未之言。至于欲，则自来言绝欲者，固近于厌世之义，而非有生命者所能实行。即言寡欲者，亦不能质言其多寡之标准。至东原而始以人之欲为己之欲之界，以人之情为己

凡东原学说之优点有三：1. 心理之分析。

2. 情欲之制限。

之情之界，与西洋功利派之伦理学所谓人各自由而以他人之自由为界者同。3. 至善之状态。庄子之心斋，佛氏之涅槃，皆以超绝现世为至善之境。至儒家言，则以此世界为范围。先儒虽侈言胞与民物万物一体之义，而竟无以名言其状况，东原则由前义而引申之。则所谓至善者，即在使人人得遂其欲，得达其情，其义即孔子所谓仁恕，不但其理颠扑不破，而其致力之处，亦可谓至易而至简者矣。

3. 至善之状态。

凡此皆非汉宋诸儒所见及，而其立说之有条贯，有首尾，则尤其得力于名数之学者也。（乾嘉间之汉学，实以言语学兼论理学，不过范围较隘耳。）唯群经之言，虽大义不离乎儒家，而其名词之内容，不必一一与孔孟所用者无稍出入，东原囿于当时汉学之习，又以与社会崇拜之宋儒为敌，势不得有所依傍。故其全书，既依托于孟子，而又取群经之言一一比附，务使与孟子无稍异同，其闻遂亦不免有牵强附会之失，而其时又不得物质科学之助力，故于血气与心知之关系，人物之所以异度，人性之所以分于阴阳五行，皆不能言之成理，此则其缺点也。东原以后，阮文达作《性命古训》、《论语仁论》，焦理堂作《论语通释》，皆东原一派，然来能出东原之范围也。

凡此皆非汉宋诸儒所见及，而其立说之有条贯，有首尾，则尤其得力于名数之学者也。

黄梨洲学说

黄梨洲

名宗羲，余姚人，明之遗民也。卒于康熙三十四年，年八十六。著书甚多。兹所论叙，为其《明夷待访录》中之《原君》、《原臣》二篇。

>>> 黄宗羲像

其学说

周以上，言君民之关系者，周公建洛邑曰："有德易以兴，无德易以亡。"孟子曰："民为贵，社稷次之，君为轻。"言君臣之关系者，晏平仲曰："君为社稷死亡则死亡之，若为己死而为己亡，非其所昵，谁敢任之。"孟子曰："贵戚之卿，谏而不听，则易位；易姓之卿，谏而不听，则去之。"其义皆与西洋政体不甚相远。自荀卿、韩非，有极端尊君权之说，而为秦汉所采用，古义渐失。至韩愈作《原道》，遂曰："君者，出令者也。臣者，行君之令而致之于民者也。民者，出粟米丝麻、作器皿、通货财以事其上者也。"其推文王之意以作羑里操，曰："臣罪当诛兮，天王圣明。"皆与古义不合。自唐以后，亦无有据古义以正之者；正之者自梨洲始。

自唐以后，亦无有据古义以正之者；正之者自梨洲始。

其《原君》也，曰："有生之初，人各自私也，人各自利也，天下有公利而莫或兴之，有公害而莫或除之；有人君者出，不以一己之利为利，而使天下受其利，不以一己之害为害，而使天下释其害。后之为人君者不然，以为天下利害之权，皆出于我，我以天下之利尽归于己，以天下之害尽归于人，亦无不可，使天下之人，不敢自私，不敢自利。以我之大私为天下之公，始而惭焉，久而安焉，视天下为莫大之产业，传之子孙，受享无穷。此无他，古者以天下为主，君为客，凡君之所毕世而经营者，为天下也。今也以君为主，天下为客，凡天下之无地而得安宁者，为君也。"

其《原臣》也，曰："臣道如何而后可？曰：缘夫天下之大，非一人之所能治，而分治以群工，故我之出而仕也，为天下，非为君也，为万民，非为一姓也。世之为臣者，昧于此义，以为臣为君而设者也，君分吾以天下而后治之，君授吾以人民而后牧之，轻天下人民为人君囊中之私物。今以四方之劳扰，民生之憔悴，足以危吾君也，不得不讲治之救之之术。苟无系于社稷之存亡，则四方之劳扰，民生之憔悴，虽有诚臣，亦且以为纤介之疾也。”又曰：“盖天下之治乱，不在一姓之存亡，而在万民之忧乐。是故桀纣之亡，乃所以为治也；秦政蒙古之兴，乃所以为乱也；晋宋齐梁之兴亡，无与于治乱者也。为臣者，轻视斯民之水火，即能辅君而兴，从君而亡，其于臣道固未尝不背也。”在今日国家学学说既由泰西输入，君臣之原理，如梨洲所论者，固已为人之所共晓。然在当日，则不得不推为特识矣。

然在当日，则不得不推为特识矣。

俞理初学说

俞理初

名正燮，黟县人。卒于道光二十年，年六十。所著有《癸巳类稿》及《存稿》。

其学说

夫野蛮人与文明人之大别何在乎？曰：人格之观念之轻重而已。野蛮人之人格观念轻，故其对于他人也，以畏强凌弱为习惯；文明人之人格观念重，则其对于他人也，以抗强扶弱为习惯。抗强所以保己之人格，而扶弱则所以保他人之人格也。

人类中妇女弱于男子，而其有人格则同。各种民族，诚皆不免有以妇女为劫掠品、卖买品之一阶级。然在泰西，其宗教中有万人同等之义，故一夫一妻之制早定。而中古骑士，勇于公战而谨事妇女，已实行抗强扶弱之美德。故至今日，而尊重妇女人格，实为男

人类中妇女弱于男子，而其有人格则同。

子之义务矣。我国夫妇之伦，本已脱掠卖时代，而近于一夫一妇之制，唯尚有妾媵之设。而所谓贞操焉者，乃专为妇女之义务，而无与于男子。至所谓妇女之道德，卑顺也，不妒忌也，无一非消极者。自宋以后，凡事舍情而言理。如伊川者，且目寡妇之再醮为失节，而谓饿死事小、失节事大，于是妇女益陷于穷而无告之地位矣。

理初独潜心于此问题。

理初独潜心于此问题。其对于裹足之陋习，有《书旧唐书舆服志后》，历考古昔妇人履舄之式，及裹足之风所自起，而断之曰："古有丁男丁女，裹足则失丁女，阴弱则两仪不完。""又出古舞屣贱服，女贱则男贱。"其《节妇说》曰："礼郊特牲云：一与之齐，终身不改，故夫死不嫁。《后汉书·曹世叔传》云：夫有再娶之义，妇无二适之文。故曰：夫者天也。按妇无二适之文，固也，男亦无再娶之仪。圣人所以不定此仪者，如礼不下庶人，刑不上大夫，非谓庶人不行礼，大夫不怀刑也。自礼意不明，苛求妇人，遂为偏义。古礼夫妇合体同尊卑，乃或卑其妻。古言终身不改，身则男女同也。七事出妻，乃七改矣；妻改再娶，乃八改矣。男子理义无涯涘，而深文以罔妇人，是无耻之论也。"又曰："再嫁者不当非之，不再嫁者敬礼之斯可矣。"其《妒非女人恶德论》曰："妒在士君子为义德，谓女人妒为恶德者，非通论也。夫妇之道，言致一也。夫买妾而妻不妒，则是恝也，恝则家道坏矣。易曰：三人行则损一人，一人行则得其友，言致一也，是夫妇之道也。"又作《贞女说》，斥世俗迫女守贞之非。曰："呜呼！男儿以忠义自责则可耳，妇女贞烈，岂是男子荣耀也？"又尝考乐户及女乐之沿革，而以本朝之书去其籍为廓清天地，为舒愤懑。又历考娼妓之历史，而为(谓)此皆无告之民，凡苛待之者谓之虐无告。凡此种种问题，皆前人所不经意。至理初，始以其至公至平之见，博考而慎断之。虽其所论，尚未能为根

至理初，始以其至公至平之见，博考而慎断之。

本之解决，而亦未能组成学理之系统，然要不得不节取其意见，而认为至有价值之学说矣。

余论

要而论之，我国伦理学说，以先秦为极盛，与西洋学说之滥觞于希腊无异。顾西洋学说，则与时俱进，虽希腊古义，尚为不祧之宗，而要之后出者之繁博而精核，则迥非古人所及矣。而我国学说，则自汉以后，虽亦思想家辈出，而自清谈家之浅薄利己论外，虽亦多出入佛老，而其大旨不能出儒家之范围。且于儒家言中，孔孟已发之大义，亦不能无所湮没。即前所叙述者观之，以晦庵之勤学，象山、阳明之敏悟，东原之精思，而所得乃止于此，是何故哉？1. 无自然科学以为之基础。先秦唯子墨子颇治科学，而汉以后则绝迹。2. 无论理学以为思想言论之规则。先秦有名家，即荀、墨二子亦兼治名学，汉以后此学绝矣。3. 政治宗教学问之结合。4. 无异国之学说以相比较。佛教虽闳深，而其厌世出家之法，与我国实践伦理太相远，故不能有大影响。此其所以自汉以来，历二千年，而学说之进步仅仅也。然如梨洲、东原、理初诸家，则已渐脱有宋以来理学之羁绊，是殆为自由思想之先声。迩者名数质力之学，习者渐多，思想自由，言论自由，业为朝野所公认。而西洋学说，亦以渐输入。然则吾国之伦理学界，其将由是而发展其新思想也，盖无疑也。

此其所以自汉以来，历二千年，而学说之进步仅仅也。